鹿鸣心理

[美]凯瑟琳·M.皮特曼

[美]伊丽莎白·M.卡勒——— 著

理解

焦虑的

大脑

曾容 ————— 译

重庆大学出版社

致　谢

引言：焦虑的路径

1　理解焦虑的大脑

2 控制杏仁核焦虑

3 控制大脑皮层焦虑

参考文献

致　谢

如果没有我生命中许多人的帮助和支持，我写这本书是不可能的，我想在此感谢他们。

感谢我的合著者和合作伙伴伊丽莎白·（丽莎）·卡勒，她以无数方式丰富了我的生活，并陪伴我进行了各种各样的努力。如果没有她，这是无法想象的。她每天都让我感到惊讶，她勇敢地面对自己的焦虑，她对生活所需的一切都有耐心，她始终高标准地要求自己。

感谢我的女儿阿里安娜和梅琳达。数月来，我一直在笔记本电脑上工作，更不用说多年来对杏仁核和皮层的讨论了。我希望她们知道我有多爱她们，尽管有很多晚上我都在研究和写作。

我的客户在过去30年里教会了我很多东西，激发了我对他们的尊重和钦佩，因为他们重新训练了自己的大脑，塑造了自己的生活，实现了自己的梦想。他们没有让与焦虑或脑损伤的斗争阻止他们成为他们本该成为的人。

威廉·（比尔）·杨斯，神经心理学家和亲爱的朋友，在过去25年中，他在我们每周的午餐会上和我分享了丰富的知识、对我给予鼓励，并在本书的创作过程中提出了许多宝贵的意见和建议。

凯西·鲍姆加特纳是我的行政助理和朋友，在我担任系主任期间，她让心理学系顺利运转，并使我在最近几个月里有可能在图书馆度过宝贵的时间。我感到很幸运能在我的生活中拥有她，她有趣而称职。

萨曼莎·马利是圣玛丽学院心理学专业的学生，也是心理学系的学生助理。她不仅通过给考试打分，还通过整理本书的许多参考资料来提供帮助。

——凯瑟琳

患有任何类型的精神疾病都是一种挑战。它不仅影响日常生活，还改变一个人生活的轨迹。通常情况下，焦虑和其他疾病的起起落落也会影响到家人、朋友和同事。我们希望这本书提供的见解和信息，能帮助我们的读者和他们的支持系统应对这些挑战。我们感谢出版社的专业人士给我们机会与读者分享我们的知识和经验。

就我个人而言，我要感谢我自己的支持系统的成员一直在那里：我的父母和兄弟姐妹，他们的爱是无穷无尽的；卡罗尔，让我惊讶；塞奇兄弟，因为他每天的机智和智慧；珍妮特和我在圣玛丽学院的同事们，感谢他们的耐心和帮助；托尼林，他拥有超凡的理解力；比尔，一个大脑大师；我的曾祖父吉塞佩·卡帕尼，他总是在正确的时间出现在正确的地方；当然还有凯瑟琳，我和她分享了有意义的梦想和疯狂的冒险。

最后，我要特别感谢我的侄女和侄子们，他（她）们无限的欢乐和爱意让生活的景象和声音变得更有意义。"飞跃无限！"

——伊丽莎白

引言：
焦虑的路径

某一天你在上班的路上，突然想："我的炉子关了没有？"你开始在心里默默回忆这一早上的经过，但却依旧想不起炉子到底关了没有。可能关了吧，但万一没关怎么办？当你脑海里出现炉子着了火的样子，焦虑感便油然而生。碰巧此时你前面车的司机猛踩了一下刹车，你紧紧地抓住方向盘，也猛地踩下自己的刹车，及时把车停了下来。你整个身体都被一股能量激活，心脏快速跳动，但幸好安然无恙。你深深地吸了口气，刚刚真的太危险了，只差了一点！

焦虑似乎总是在我们身边打转。如果仔细想想刚刚说到的这个场景，你会意识到焦虑源起两种完全不同的方式：要么是通过我们在思考的内容产生，要么是通过我们对周遭环境的反应产生。这是因为人类大脑的两个非常不同的区域——大脑皮层和杏仁核——可能会引发焦虑。这种理解是多年来神经科学领域的研究成果，所谓的神经科学是神经系统，包括大脑的结构和功能的科学。

上面两个简单的例子，想象中的炉子着火和紧急刹车，都说明了本书的基本原理：大脑中的两条独立路径可能引起焦虑，而这两条路径都需要理解和处理，以最大限度地减轻压力（Ochsner et al.，2009）。在前面的例子中，想到炉子可能带来风险，自己又一整天不在炉子边，这样的思虑和画面引起了皮层路径的焦虑。来自另一条路径的焦虑是杏仁核对紧急情况做出快速反应，避免追尾。

这就是大脑产生焦虑的两条路径。有些人可能会发现，来自其中一条路径的焦虑会更频繁地出现。这是为什么呢？要想知道答案，我们需要了解焦虑的大脑是如何工作的，这两条路径是如何产生焦虑的。了解了焦虑产生的路径后，我们才能找到切实可行的方法来改变它们，从而减轻焦虑，让生活更轻松。

理解焦虑

焦虑是一种与恐惧类似的复杂情绪反应。两者都来自类似的大脑过程并引起类似的生理和行为反应；两者都起源于旨在帮助所有动物应对危险的大脑结构。然而，恐惧和焦虑不同，因为恐惧通常与明确的且可识别的当下威胁相关联，而焦虑是在没有即时危险的情况下发生的。换句话说，当我们真正陷入困境时——比如当一辆卡车向我们冲过来时，我们感到恐惧。而焦虑是由恐惧或不安产生的，且这个时候并不存在危险。

每个人都经历过恐惧和焦虑。比如，遭遇一场强风暴，看到身边有一条陌生的狗，担心远离家乡的亲人的安全，深夜听到奇怪的声音，或是面临限期完成的工作和学习时，就会产生焦虑。许多人经常感到焦虑，特别是在某种压力下。然而，当焦虑干扰我们生活的重要方面时，问题就出现了。我们需要处理自己的焦虑并重新获得控制权，同时需要了解如何处理它，从而使之不再限制我们的生活。

焦虑会以令人惊讶的方式限制人们的生活——其中许多似乎并不是由于焦虑本身导致。例如，有些人在清醒的时刻一直被烦恼困扰，而有的人却发现自己在深夜难以成眠。有些人可能会觉得离家之苦难以承受，也有人害怕公开演说可能会威胁到自己的工作。新晋宝妈每天早上可能要花好几个小时完成一系列的日常仪式，才把孩子交给保姆照看。小男孩在自己的家被龙卷风摧毁后陷入噩梦的困扰，又因为在校打架而被惩罚。水管工人担心会遇到大蜘蛛，这可能会使得他的收入减少到无法养家的程度。小孩子可能不愿意上学，也不愿意和老师交谈，从而威胁到她的教育。

尽管焦虑会剥夺人们完成生活中许多基本活动的能力，但所有人其实都可以重新投入到生活中去，这是因为他们都能够理解导致这些困难的原因并且重拾信心。人们的这种理解是可能的，这要归功于近期发生的一场知识革命，在这场革命中人们探寻了大脑结构中产生焦虑的根本缘由。

在过去的二十年里，关于焦虑的神经学基础研究已经在世界各地的实验室中进行（Dias er al.，2013）。对动物的研究揭示了关于恐惧的神经基础的新细节，人脑中检测威胁和启动保护反应的结构也已经被确认。与此同时，新技术如功能性磁共振成像和正电子发射断层扫描提供了人类大脑在各种情况下如何反应的详细信息。通过对这种新兴知识的评估、分析和综合运用，神经科学家能够在动物研究和人类研究之间建立联系。因此，他们现在能够对恐惧和焦虑的起因有一个清晰的认识，而这种认识会超越我们对其他人类情感的认识。

这项研究揭示了一件非常重要的事情：大脑中两条完全独立的路径会产生焦虑。一条始于大脑皮层，它在人脑中所占面积大，呈卷曲状、灰色，且涉及我们对于环境的感知和思考。另一条便是直接通过人脑中的两个杏仁核，这两个杏仁状的结构位于大脑边缘系统，左右半球各一。杏仁核触发了由来已久的"应战或逃跑"反应，这种反应从地球上最早出现的脊椎动物身上一直延续至今。

在应对焦虑的心理治疗中，人们的注意力通常集中在处理大脑皮层这条路径上，使用包括改变认知以应对焦虑的治疗方法。但越来越多的研究表明，杏仁核在其中起的作用也必须为人所了解，这样才能更全面地了解焦虑如何产生，如何控制。

理解焦虑的大脑：皮层和杏仁核

大脑皮层是人脑用于思考的部分，处于头骨最顶端。有人说人之所以为人就是因为大脑皮层。它让我们能够演绎、推理、创造语言、进行具象或者抽象思考。大脑皮层发达、面积较大的物种，通常被认为比其他动物更聪明。

治疗由大脑皮层所产生的焦虑情绪的方法有很多，通常集中在"认知"上，也就是大多数人所说的"思考"这一心理过程上。起源于大脑皮层的思考能够增加或减少焦虑情绪。在许多的案例中，改变想法可以防止我们在认知过程中产生，或者加剧焦虑情绪。

直到最近，焦虑治疗方式中还是不太可能将杏仁核路径考虑在内。杏仁核虽小，却具有复杂的结构和功能，它有着成千上万的神经回路，影响着人的爱、亲密关系、性行为、愤怒、攻击性以及恐惧。杏仁核的作用是将情感意义附加到情境或物体上，形成情感记忆。这些情绪和情感记忆可以是积极的，也可以是消极的。在本书中，我们将关注杏仁核把焦虑附加于经历并由此产生焦虑记忆的方式。这有助于你理解杏仁核，从而学会通过改变杏仁核的回路来将焦虑情绪降至最低程度。

人类意识不到杏仁核将焦虑附加在情境或物体上的方式，就像我们意识不到肝脏有助于消化一样。然而，杏仁核的情绪处理对我们的行为有着深远的影响。正如我们这本书中将讨论到的一样，杏仁核是人类产生焦虑反应的核心所在。尽管大脑皮层会引起甚至加剧焦虑，但是触发焦虑还是需要杏仁核。这就是为什么彻底解决焦虑需要同时处理好大脑皮层和杏仁核这两条路径。

本书的第1部分"理解焦虑的大脑"致力于解释大脑皮层和杏仁核这两条路径。我们将分别解释这两条路径的运作方式及二者之间的联系。一旦明白了每条路径是如何产生或加剧焦虑的基础原理，就能通过对大脑回路的了解来学会对抗、中止甚至抑制焦虑。第2部分将研究改变杏仁核这一路径的策略。第3部分是改变大脑皮层路径的策略。

神经可塑性的前景

在过去二十年里已经有研究表明大脑具有令人瞠目结舌的神经可塑性，即大脑具有改变其结构并重组反应模式的能力。即便是成年人的大脑中一些曾经被认为不可能改变的部分其实都能被调整，这就表明大脑实际上有惊人的改变能力（Pascual-Leone et al., 2005）。例如中风的人可以学习使用大脑的其他部分来控制手臂的移动（Taub et al., 2006）。在某些情况下，大脑中负责视觉反馈的回路在短短几天内可以被开发出反馈声音的能力（Pascual-Leone and Hamilton, 2001）。

人脑通常以出人意料的简单方式建立新联系：锻炼已经被证明能够促进脑细胞的大量繁殖（Cotman and Berchtold, 2001）。有研究表明光是大脑里想着实施某种行为，比方说扔一个球或是弹一首钢琴曲，都会引起控制这些行动的大脑区域发生变化

（Pascual-Leone et al.，2005）。此外，某些药物可以促进大脑的生长和神经回路的变化（Drew and Hen，2007），尤其是与心理疗法结合使用时。单靠心理疗法也能够产生变化（Linden，2006），它能减少一个区域的活跃度而增强另一区域的活跃度。

显而易见，大脑并不是固定且无法改变的，这与包括科学家在内的许多人所作的假设相吻合。大脑回路并非完全靠基因决定，它们也可以通过人的经历、想法和行为来塑造。无论你多大年龄，你都可以重塑大脑以做出不同的反应。诚然，一切改变都是有限度的，但大脑有着出人意料的灵活性和可塑性并蕴含极大的潜力。这当然包括改变大脑产生不当焦虑情绪的倾向。

切勿孤军奋战

当你在运用本书中的策略时，我们强烈建议你寻求专业人士的帮助，尤其是认知行为治疗师。认知行为治疗师们能鉴别产生焦虑的想法和其他相应处理技能，包括暴露疗法。许多学科的治疗师都接受过认知行为疗法的培训，例如社会工作者。因此，在选择治疗师时，一定要咨询该治疗师是否了解认知行为的治疗方法，尤其是暴露疗法和认知重构，这十分重要。

如果你服用抗焦虑药物，明智地使用它们来为自己缓解焦虑是很重要的。如果家庭医生给你开了药，我们强烈建议你咨询一下对于抗焦虑药物更有经验的精神科医生，他对大脑与药物副作用之间的关系更了解。此外，一般来说，精神科医生可能会不熟悉暴露疗法和认知行为疗法。

也就是说，精神科医生不一定接受过认知行为治疗方面的训练。许多寻求治疗焦虑症的人们期望精神科医生提供治疗，但当医生主要依靠药物治疗时，人们又十分惊讶。记住，精神科医生是医生并非心理治疗师，他们主要通过药物治疗心理疾病。

如果你同精神科医生就药物治疗进行交流，要确保你们两人都考虑到了短期缓解和长效持久改善大脑焦虑反应之间的区别。同时，你要告诉医生你的治疗经历，所使用的药物及其副作用，以及正在接受的心理治疗。只要你、你的精神科医生和你的心理治疗师之间有良好的沟通，就能极大帮助你促进改变焦虑的大脑。

焦虑对你生活的影响

在最好的情况下，焦虑可以帮助人们保持警觉和注意力。它能加快我们的心跳，激发额外必要的肾上腺素，从而让我们赢得比赛。然而最糟糕的情况却是会对我们的生活造成严重破坏，让我们瘫痪到无所作为的地步。

如果你为焦虑所扰，甚至患有焦虑症，你就知道它会有多坏的影响了。然而完全摆脱焦虑并不现实，这不仅不可能，而且没必要。对于一些人来说，他们的工作需要经常乘飞机，对飞行的恐惧就严重限制了他们的职业生涯。如果将注意力集中在经常严重干扰你生活的焦虑反应上，你就不能走上正确的道路。

现在请花点时间来想想生活中焦虑或逃避是如何干扰你的生活的。如果需要，请写下来。可以想想那些由于焦虑而难以实现的隐藏目标。由于焦虑会对未来的决定产生影响，所以一定要将眼光放长远，不能只盯着眼前。比如：焦虑是否会阻碍你旅行、换工作或挑战遇到的问题？

当然，所有这些问题不可能一下子解决。你可以从自己最常遇到的情况开始，也可以从最让你焦虑的情况着手，或者从对你的生活影响最大的情况入手。

练习：明确你的人生目标

本书的目的是给你力量，让你以自己期待的生活方式生活，实现自己的生活目标。因此，当你决定从何处入手时，仔细思考你的个人目标，包括短期目标和长期目标。为了帮助你更明确自己的目标，请完成下列的句子。假想如果焦虑不是限制因素，你想做什么：

在未来，我想看见自己……

在未来一年内，我想……

在未来八周内，我想…….

如果我不为_____担心，我会……

记住那些对你影响最大的焦虑反应，然后准备好学习如何改变这些反应。所以在第1章中，我们首先来看看大脑产生焦虑的两条路径。学习如何绕过、中断和改变这些回路是改变生活的第一步。

1

理解焦虑的大脑

第1章
大脑中的焦虑

本书将阐明焦虑的原因并帮助你了解如何改变大脑，从而减少焦虑体验。同时，我们将不会对涉及的所有神经过程都进行详细专业的描述，相反，我们会简单概述大脑中的焦虑，由此来帮助你理解为什么某些策略能帮助你控制并缓解焦虑。

导致焦虑的两条路径

不知道焦虑产生的原因，会让你在尝试改变时处于不利地位。焦虑是由大脑产生的，若没有特定的大脑区域的参与，焦虑就不会产生。虽然大脑是十分复杂且相互关联的系统，且大部分仍然还未知，但我们能确定焦虑有两个一般来源。我们还知道，使用一些技术来针对焦虑的来源，可以更有效管理或预防焦虑感。引言中提到过，大脑中引发焦虑的主要有两条路径。提到焦虑症的原因时，大多数人都会首先想到大脑皮层路径。在下一节中你将学到更多关于人类大脑皮层的知识。现在我们只说大脑皮层是感觉、思维、逻辑、想象、直觉、有意识的记忆和计划的通路。治疗焦虑通常针对这一路径，可能是因为这是一条意识路径，意味着我们能更容易得知在这一路径上发生了什么，也更容易了解大脑的这一部分在记忆和关注什么。如果你发现自己的大脑一直关注会增加你焦虑的想法或图像，被怀疑困扰，被担忧占据，甚至一直陷于思考问题的解决方案中，那你可能正在经历来源于大脑皮层的焦虑。

　　另一方面，来源于杏仁核路径的焦虑可以引起强烈的身体反应。杏仁核与大脑其他部分的众多连接使得它能够非常迅速地调动各种身体反应。在不到0.1秒的时间里，杏仁核提供的肾上腺素激增，引起了血压升高、心率加快和肌肉紧张等身体反应。杏仁核路径不会产生你意识得到的想法，且比大脑皮层运作得更快，因此，在你无意识的情况下杏仁核路径会产生多方面的焦虑反应。也就是说，如果你觉得自己的焦虑没有明显的原因和头绪，那你通常是在受到由杏仁核路径引起的焦虑的影响。人对杏仁核的认识很可能来源于它对人的影响——即生理变化、心理变化、情境回避以及攻击性冲动。

　　治疗师们在治疗焦虑症时通常不会讨论杏仁核，这着实令人惊讶，因为人多数的恐惧、焦虑或惊恐体验都是由于杏仁核的参与所引发的。尽管大脑皮层是焦虑思维的来源，但杏仁核直接导致了焦虑的生理反应，比如心跳加速、出汗和肌肉紧张等。与之相反，当家庭医生和精神科医生在开缓解焦虑的药物处方时，往往把注意力集中在杏仁核上，即使他们可能没有特意提到杏仁核。他们所开的这些药物，如阿普唑仑、劳拉西泮和氯硝西泮等，都具有镇静杏仁核的作用。

这些镇静剂能快速有效地减轻焦虑但并没有改变杏仁核系统，也就是说，它们虽然减轻了焦虑反应，却不能帮助人体长期受益。杏仁核有许多与焦虑无关的功能，在此我们不作深入探讨。想要理解杏仁核在产生焦虑的过程中的作用，那么你就需要知道，尽管你也许没有在意，但一天中你的所听、所看和所遇，杏仁核都会关注。杏仁核会寻找任何潜在的危险，如果它意识到危险，便会触发恐惧反应，这是一种人类体内的警报，它通过让我们做好战斗或逃跑的准备来保护我们。

不妨这样想：我们其实是受到惊吓的人的后代。早期人类的杏仁核对潜在危险做出反应，让人产生强烈的恐惧，恐惧使人事事小心，也让人细心保护好自己的后代。细心的保护意味着存活率的提升，也意味着自己的基因（能触发恐惧反应的杏仁核）能遗传给后代。相反，如果早期人类对于附近是否有狮子，或附近是否有会淹没自身住所的河流这些威胁视若无睹、安之若素，那么他们存活下来并将基因遗传下去的的可能性就会更小。物竞天择，今天的人类就是那些曾经通过杏仁核产生有效恐惧反应的人类的后代。

杏仁核使人产生恐惧，从而起到保护作用，这在人类身上有集中体现。因此，见怪不怪，焦虑症是人们所经历的最常见的精神疾病，影响着大约 4 000 万的美国成年人（Kessler et al., 2005）。人们生活中的日常危险自史前时代以来就已经大大减少，但你可能会想，为什么那么多人正经历着焦虑带来的痛苦呢？不幸的是，杏仁核仍然发挥着它史前时代所起的作用，依旧认为我们是其他动物或人类的潜在猎物。于是它假定对于危险最佳的反应是逃跑、战斗或怔立，并让我们的身体准备好启动这些反应，无论这些反应是否恰当。但这些恐惧反应并不符合我们大多数人所处的 21 世纪的情况，杏仁核无法像过去那样帮助我们。比如，人们似乎更容易害怕蛇、蜘蛛或是恐高，而不是汽车、枪或插座，尽管后者其实更为致命。此外，似乎有些人的大脑更容易受到这种恐惧反应的影响，无论这种反应是由于基因产生的还是由于过往的创伤造成的。

焦虑的剖析

神经科学涉及对神经系统（包括大脑）的发育、结构和功能的研究。从神经科学解释焦虑，我们需要向你简明描述一下大脑解剖学，尤其是大脑皮层和杏仁核的解剖学。了解大脑中这些重要区域如何运作、彼此间如何联系，将有助于你理解大脑皮层或杏仁核在反应过度并产生焦虑的过程中发生了什么。这一神经科学的基本知识将为你提供如何重塑大脑、抵抗焦虑的见解。

大脑皮层路径

当人们谈论起大脑的时候，通常就会想到褶皱和灰色外层，也就是大脑皮层，因此我们将从大脑皮层开始讨论。大脑皮层是人类许多独特能力的来源，但我们即将谈到，这些能力也会导致大脑皮层产生大量的焦虑。

大脑皮层

人类的大脑皮层比其他动物大并且更发达。它被分为左半球皮层和右半球皮层，此外，它也被分成了不同的部分，这些部分都称之为脑叶，具备不同的功能，例如处理视觉、听觉和其他感官信息，并将其结合在一起让人感知世界。人体大脑通过大脑皮层来感知和思考——比如你正在阅读和理解这本书便是大脑皮层在起作用。

除了提供视觉、声音和其他感知，大脑皮层还将意义和记忆与这些知觉联系在一起，因此你不仅可以看到一个老人并且听见他的声音，而且还能认出他是你的祖父，并理解他发出的带有独特含义的声音。大脑皮层除了能让你理解并解释情境，还允许你通过逻辑和推理、语言、想象力和做计划来应对当前情境。

大脑皮层还有助于改变对威胁情境的反应，这也是应对焦虑时的关键点。它能够评估你面对危险时各种反应的有效性。面对被炒鱿鱼时不会因为愤怒而对老板大打出手，听见烟花爆炸时不会立马逃开，这都多亏了你的大脑皮层。事实上，在阅读本书时，你也正在这样做：主动运用大脑皮层，寻求不同的解决方式来处理焦虑问题。

通过大脑皮层来处理焦虑问题首先是由你的感觉器官开始的。眼睛、耳朵、鼻子、味蕾甚至皮肤，都是信息的来源。你对于世界所有的感知都来源于感觉器官，并被大脑皮层的不同部分所解释。当信息通过你的感觉器官进入大脑时，它会被导入丘脑。丘脑就像大脑的中央枢纽站（见图1），它会将你所见所闻，以及其他感官信号发送至大脑皮层。当信息进入丘脑时，便会被送到各脑叶进行加工和解读。之后这些信息会被传递到大脑的其他部分，包括额叶（前额后面），在那里所有的信息被综合后，你便可以感知并理解这个世界了。

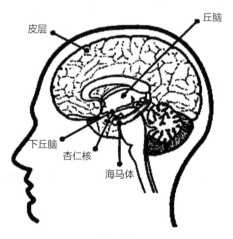

图1　人类的大脑

额叶

额叶是大脑皮层中最需要被了解的部分之一。它们位于前额与眼睛的正后方，是人类大脑中最大的一组脑叶，且比其他大多数动物的额叶大得多。额叶接收来自其他所有脑叶的信息并将其全部整合在一起，让我们对一个完整的世界体验做出反应。有观点认为额叶具有执行功能，这意味着额叶监督着所有大脑过程。它能帮助我们预判形势、计划行动、启动反应，并利用外部世界的反馈来阻止或改变我们的行为。不幸的是，这些令人印象深刻的能力也为焦虑的发展奠定了基础。

大脑皮层通常是焦虑的源头，因为额叶预测和解释情况，这种预期和解释常常导致焦虑。例如，预期可能导致另一常见的基于皮层的过程，也就是担忧。由于我们的额叶高度发达，所以人类有能力预测未来并想象未来的结果。不像我们的宠物，因为无法预料明天，它们总是能安然入睡。焦虑是消极预期的结果，这是一个基于皮层的大脑过程，它产生的想法和图像会引起很多的恐惧和焦虑。

由于大脑皮层应激水平不同，有些人更容易担忧，任何事情他们都能想象出许多负面的结果。事实上，一些极具创造力的人有时会更焦虑，因为他们更有能力去想象各种极其可怕的后果，并深陷其中。

家长们普遍的担忧便是自己那未按时归家的孩子（又有几个

孩子是按时归家的呢?），想象他们出了意外，受伤流血不止，甚至无法呼救。这么可怕的想象其实完全没有必要，但这样的人总是存在。如果你的担忧严重到足以干扰你的日常生活，那你可能会被诊断为广泛性焦虑症。

焦虑症的另一种形式是强迫症，它会发生在额叶产生强迫性思维的时候——认知或怀疑将不会消失，人们每天会花好几个小时关注它们。这样的沉迷有时候会导致一个人创造出复杂的仪式，然后通过这些仪式来减少焦虑。想想詹妮弗吧，她害怕细菌，于是花几个小时洗手和打扫家里的某些地方，完成之后她又会再做一遍，因为她怀疑自己不小心又弄脏了已经清洁过的东西。这种强迫性的想法可能是由于扣带皮层的功能失调造成的，扣带皮层位于眼睛后方的额叶区域（Zurowski et al.，2012）。

总而言之，在谈及经由大脑皮层所产生的焦虑时，我们通常关注大脑皮层产生的解释、想象和担忧，或者是在没有危险时产生的焦虑预期。如前所述，当治疗师帮助人们改变他们的想法从而减少焦虑时，通常关注的是皮层路径，这样的认知方法对于减少焦虑非常有效。但是正如你现在已经得知的一样，另一条路径也参与了焦虑的产生，即使焦虑开始于大脑皮层。

杏仁核路径

第二条路径涉及杏仁核。大脑皮层产生焦虑这一路径我们可能更加熟悉或更容易理解，因为我们经常意识到它所产生的想法，但是杏仁核激活了焦虑的身体体验。它在大脑中的战略位置和连接使它能够控制激素的释放并激活大脑中产生焦虑症状的区域。杏仁核通过这种方式对身体产生了强大而直接的影响，这些对于理解它十分关键。

杏仁核

杏仁核位于大脑中心附近（见图1）。如前所述，大脑实际上有两个杏仁核，分别在左右半球，但人们习惯上将其认为是单一的。我们来做这样一个练习：将左手食指指向右眼和右手食指指向右耳道，两根手指的延长线交汇处便是右杏仁核的位置。由于杏仁核是杏仁形状的结构，所以它的名字来源于希腊语杏仁。

杏仁核是我们很多情绪反应的来源，包括积极情绪和消极情绪。当有人侵犯了你的私人空间或是冲到你的面前来，是杏仁核让你感到愤怒。而另一方面，当你遇到一个长得像你祖母的人时，你会对这位素未谋面的女士产生一种温暖的情感。杏仁核可以形成和唤起情感记忆，理解了这点，你可能会更了解自己的情绪反应。

外侧核

杏仁核分为几个部分，但是我们将主要关注在产生焦虑和恐惧这样的情绪反应中起作用的两个关键部分。外侧核是杏仁核的一部分，接收来自感官的信息，它不断审视你的经历，随时准备应对任何危险，就像内置的警报系统一样，它的工作是识别你看到、听到、闻到或是感觉到的任何威胁，然后发出危险信号。它直接从丘脑获得信息，实际上，它比大脑皮层更早接收到信息，这一点十分关键。

外侧核获取信息如此之快的原因是杏仁核是我们感官信息传递的更直接的路径。杏仁核反应迅速，才能挽救人的生命。大脑神经连接有一条捷径，允许信息直接到达杏仁核外侧核（Armony et al.，1995）。当我们的眼睛、耳朵、鼻子或指尖接收到信息时，这些信息从感觉器官传递到丘脑，丘脑将这些信息直接发送到杏仁核。与此同时，丘脑也将信息发送到大脑皮层的适当区域进行更高级的处理。然而，杏仁核在信息被大脑皮层的不同脑叶处理之前就接收了信息，这意味着杏仁核外侧核可以在你的大脑皮层知道危险是什么之前就做出反应，保护你免受伤害。图2简单呈现了杏仁核在大脑皮层反应之前的反应路径。

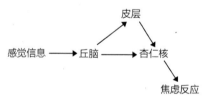

图2　焦虑的两条路径

在图2中你可以看到产生焦虑的两条路径。信息直接从丘脑传到杏仁核，让杏仁核在大脑皮层之前做出反应，虽然这看似有点奇怪，但你如果回想一下自己的亲身经历，便可能记得发生这种情况的时刻。你是否有过这样的体验：你还没意识到该怎么办，身体已经本能地做出了反应？

以梅琳达为例，她是一个十岁的小女孩，正在自家地下室寻找露营装备。她打开一扇门，走进一间屋子，结果被挂在衣架上的一件大衣吓得往后一跳。虽然她还没看清楚，她的杏仁核已经对外套的形状做出了反应，认为这可能是一个入侵者，让她下意识跳到了"入侵者"够不到的地方。作为一种基于进化的安全措施，杏仁核比大脑皮层更容易做出反应。

专注于细节的大脑皮层需要更多的时间来处理丘脑的信息。在梅琳达的例子中，视觉信息需要被发送到大脑后部的枕叶，再从那里传送到额叶处进行信息综合并做出明智决策。这就是为什么梅琳达会被吓一跳，但过了一会儿又恢复了过来，继续寻找露营装备：因为她的大脑皮层需要一点时间后才能提供信息，说那个黑色的东西是一件完全无害的外套。

中央核

因为杏仁核内的另一个结构中央核具有特殊性质，所以杏仁核可以完成快速反应。这个小而强大的神经元群与大脑中许多具有高度影响力的结构有联系，包括下丘脑和脑干。这个神经回路可以向交感神经系统发出信号，使之激活。将激素释放到血液中，增加呼吸，激活肌肉——所有这些动作都在瞬间完成。

中央核与交感神经系统（SNS）联系紧密，使杏仁核对人体产生了巨大的影响。交感神经系统是由脊髓中的神经元组成的，它们与人体几乎所有的器官系统都有联系，这使得交感神经系统能够影响从瞳孔扩张到心率等数十种生理反应。交感神经系统的作用是产生"战或逃"的反应，这一效果与副交感神经系统（PNS）的影响相平衡，副交感神经系统使我们能够休息和消化。

在引起恐惧的情况下，外侧核向中央核发送信息激活交感神经系统。同时，中央核也激活下丘脑（见图1）。下丘脑控制着皮质醇和肾上腺素的释放，这是一种让身体为立即行动做好准备的激素。这些激素是从位于肾脏顶部的肾上腺释放出来的。皮质醇会提高血糖水平，给你肌肉所需的能量。肾上腺素给你一种充满活力的感觉，它能增强你的感官，增加你的心率和呼吸，甚至能让你远离痛苦。所有这些反应都来自杏仁核。

很明显，杏仁核在瞬间的身体反应中发挥着巨大的作用。在某种程度上，这是因为大脑中心区域具有战略性意义，杏仁核处于这里就可以立即从感官获取信息，利用自身的位置优势，影响大脑中能够迅速改变身体基本功能的组织。因此，了解杏仁核的功能是解决焦虑之谜的关键部分。

时机问题

正如你所看到的，杏仁核和大脑皮层的一个明显区别是它们在不同的时间表上运作。杏仁核会使你对信息的反应比你的大脑皮层处理信息的速度更快，甚至在大脑皮层完成信息处理产生感知之前，杏仁核就已经组织好了身体的反应。虽然这在某些情况下是有益的，但事实上我们对杏仁核的快速反应几乎没有控制，这意味着恐惧和焦虑发生时，我们没有有意识地控制它们。

由杏仁核产生的快速反应通常被称为"战斗或逃跑反应"。你可能对这种现象很熟悉，它能让身体在危险的情况下迅速做出反应。我们大多数人都经历过这种反应，并能回忆起当肾上腺素激增的时候，为了保护自己免受威胁，我们会不假思索地立即做出反应。在高速公路上，有多少人因为杏仁核快速本能的反应而躲过一劫？杏仁核的中央是战斗或逃跑反应开始的地方。

意识到杏仁核启动的快速反应可以帮助你理解和应对焦虑的生理体验，包括最极端的焦虑反应：惊恐发作。患有惊恐症并受此困扰的人会发现，认识到惊恐发作的许多方面与杏仁核激活"战斗或逃跑反应"有关是很有用的。心跳加速、发抖、胃痛和过度换气都与杏仁核试图让身体做好行动准备有关。这些症状常常被人们误以为是中风、心脏病发作或"发疯"的症状。当人们明白惊恐发作的根源往往在于杏仁核试图让身体做好应对紧急情况的准备时，他们就不太可能被这些担忧所困扰（Wilson，2009）。

战斗或逃跑的反应是最常见的恐惧反应，但杏仁核也能产生另一种不太为人所知的恐惧反应：怵立，即因为惊慌而呆住不动。事实上，我们选择"怵立"这个词，是因为很多人说他们在极端压力下会有无力感。奇怪的是，对于我们的祖先来说，在某些情况下，忙立可能和战斗或逃跑一样有用。就像一只兔子，当你带着你的狗走过它的窝时，它一动不动。

当你经历战斗、逃跑或忙立反应时，杏仁核就像是驾驶员，而你是乘客。这就是为什么在紧急情况下，你无法控制自己的反应，只能任由它发生，因为杏仁核不仅速度更快——它还具有神经功能，可以凌驾于大脑的其他过程之上（LeDoux，1996）。从杏仁核到大脑皮层有许多连接，这使得杏仁核能够在不同的水平上强烈影响大脑皮层的反应，而从大脑皮层到大脑杏仁核的连接却很少（LeDoux and Schiller，2009）。因此，当杏仁核控制大脑时，你无法思考，大脑皮层的思维过程被取代，这是千真万确的。虽然你可能会质疑，但在某些情况下，这种连接方式是至关重要的。等待大脑皮层分析向你驶来的汽车的形状、型号和颜色，并在做出反应前分析驾驶员的面部表情等细节，明智吗？很明显，杏仁核覆盖大脑皮层的能力可以拯救你的生命。事实上，它可能已经做到了。

这提醒我们，大脑天生就允许杏仁核在危险时刻控制自己。由于这种连接，很难直接使用大脑皮层产生的较高层次理性的思维来控制杏仁核焦虑。通常，大脑皮层无法理解焦虑，更无法用推理来消除它。

此外，杏仁核还可以通过释放影响整个大脑的化学物质来影响皮层（LeDoux and Schiller，2009）。这些化学物质可以改变人的思维方式。因此，采取应对杏仁核焦虑的策略是至关重要的，而在治疗中，以大脑皮层为中心的方法更为常见。在本书的第2部分中，你将学习到控制杏仁核焦虑反应的技巧。

大脑回路

了解不同类型焦虑产生的机制或许能让人产生些许安慰，但如何改变大脑的反应方式可能更令人感兴趣。答案就是改变大脑的回路。

大脑是由数十亿相互连接的细胞组成的，这些细胞组成的回路保存着记忆，产生感觉，并启动所有的行动。这些细胞被称为神经元，或者神经细胞。它们是大脑的基本组成部分，是大脑具有神经可塑性的原因。根据经验，大脑中的神经元有能力改变它们的结构和反应模式。了解神经元的功能有助于你学习如何重新连接大脑中产生焦虑的回路，也有助于你了解抗焦虑药物对大脑的影响。

神经元

神经元由三个基本部分组成（如图3所示）。从细胞体中突出来的是树突，看起来像树枝。树突是神经元间通讯系统的重要组成部分。它们向其他神经元发出信号，这些信号通过化学过程在神经元之间传递。树突从其他神经元的轴突接收信息。轴突不接触树突，相反它们通过向轴突和树突之间释放的神经递质来传递信息。神经递质包括肾上腺素、多巴胺和血清素。

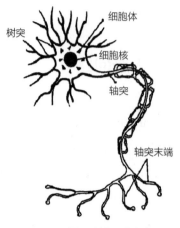

图3　神经元的解剖

　　轴突和树突之间的空间称为突触间隙（如图4所示）。在这个微小的空间里，发生着神经元通信。轴突的末端，被称作轴突末端，这里微小的囊泡中含有神经递质，为发送化学信息做准备。一些神经递质刺激下一个神经元，另一些则抑制或使之安静。

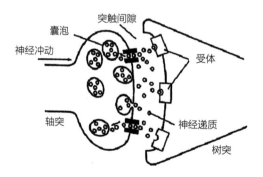

图4　两个神经元之间的突触

神经递质被称为化学信使，因为当它们穿过突触间隙时，就好像它们在向下一个神经元传递信息。神经递质与下一个神经元树突上的受体位点相连，其作用类似于将钥匙插入锁中。我们不会详细讨论，只要知道神经递质与受体连接时可以引起神经元的反应就足够了。放电是一个正电荷从神经元的接收树突，穿过细胞体，最后到达另一端的轴突。这导致轴突从轴突末端释放神经递质，将化学信息传递给另一个神经元，并将信息传递下去。

神经元的运作是基于神经元之间的化学信息和神经元内部的电荷。你的每一种感官信息，从书页上的文字到院子里小鸟的叫声，都是由神经元在你的大脑中处理的。比如进入你眼睛的光波，或者影响你鼓膜的空气振动，都会被转换成神经元内部的电信号，然后这些信号通过神经递质传递给其他神经元。通过这些通信过程，大脑建立起神经元回路，共同存储记忆，创造情感，启动思维，并产生行动。

当科学家发现神经元之间传递的信息是基于神经元之间传递的神经递质时，他们开始研发针对这一过程的药物。许多最常用的治疗焦虑的药物，如来士普（艾司西酞普兰）、左洛复（舍曲林）、怡诺思（文拉法辛）和欣百达（度洛西汀），都旨在增加突触中可用的神经递质数量，以影响大脑某些区域的回路。

回路：神经元之间的连接

为什么需要知道神经元是如何运作的？如果你想重新连接大

脑，这有助于理解大脑的回路及其在神经元之间形成连接的基础。加拿大心理学家唐纳德·赫布（Donald Hebb，1949）提出了一个关于神经元如何创造回路的理论，这个理论在解释这个过程中非常有用。自那以后，他的想法被神经学家卡拉·沙茨提炼成这样一个简单的陈述："连接在一起放电的神经元"（Doidge，2007，63）。这句话为我们提供了一个清晰的视角，让我们知道如何改变大脑中的神经网络。

从根本上讲，为了在神经元之间建立联系，一个神经元需要在另一个神经元发出信号的同时发出信号。当神经元一起放电时，它们之间的联系就会加强，最终形成一种神经回路，一个神经元的激活导致另一个也被激活。更多的神经元可以以类似的方式与这些神经元连接，如果它们一起放电，很快就会产生一组连接的神经元。改变神经回路包括改变大脑的激活模式，从而在神经元和新的回路之间形成新的连接。由于神经元建立了新的连接和回路，大脑或学习过程可能会发生变化。

尽管我们的大脑从出生就被设定好了发展和组织自己的程序，但它们对每个人的特定经历都有着惊人的灵活和敏锐的反应。正如神经学家约瑟夫·勒杜（Joseph LeDoux，2002，3）所解释的那样："人不是预先组装起来的，而是被生活黏在一起的。"你大脑中的回路是由你所拥有的特定经历塑造的，它可以随着你经历的改变而改变。例如，当你使用特定的神经元时，它们之间的连接会加强。我们中的一些人一直使用记住的乘法表来计算数学方程，这些联系仍然和我们在学校时一样紧密。但是我们中的一些人依赖计算器，所以我们不经常使用存储乘法表的大脑回路，我们对乘法表的记忆就会减弱。

你大脑中的特定回路是基于你的经历而形成的。也许你的大脑会把马和马厩联系起来，把祖父和雪茄联系起来，把爆米花的味道和棒球联系起来，等等。虽然两个人可能有相似的联想，但我们每个人都有基于自己经历的独特的大脑回路。一个人可能有把奶牛、奶酪和威斯康辛州联系起来的回路，而另一个人可能有把奶牛、谷仓和挤奶机联系起来的回路。

神经元通过各种方式建立新的连接和回路。某些深思熟虑的想法可以激活回路，比如当你被要求回忆你的祖母时。回路可以通过改变你的行为来重组，比如学习使用一个新的高尔夫挥杆。表演行为，比如弹钢琴或打排球，会导致新的回路产生，甚至想象表演这些行为也会导致回路的变化。大脑保持灵活，并且可以在一生中不断做出改变。

如果你想改变你所经历的焦虑，你需要改变导致焦虑反应的神经连接。其中一些连接以记忆的形式储存在大脑的回路中，记忆同时在皮层和杏仁核中形成。

由杏仁核形成的情感记忆

情绪记忆是由杏仁核外侧核通过联想而形成的，我们将在下一章对此进行讨论。这些情感记忆来自你大脑皮层可能记得也可能不记得的经历。这是因为大脑皮层的记忆系统与杏仁核的完全分离。事实上,有证据表明,基于杏仁核的记忆比基于皮层的记忆更持久(LeDoux,2000)。换句话说,大脑皮层比杏仁核更容易忘记信息或更难以检索信息。

不同记忆系统的存在解释了为什么人会在没有任何意识记忆(或理解)的情况下体验焦虑。杏仁核对某件事有情感记忆,并不意味着大脑皮层会记住同样的事情。如果大脑皮层不记得这件事,那你将很难记住它,因为我们人类依赖于大脑皮层的记忆。这意味着我们有时会产生让我们自己困惑的情绪反应,尤其是在焦虑方面。所以你可能不明白为什么过桥会引起焦虑,为什么在餐馆里你会避免背对着门坐着,或者为什么西红柿的气味会让你紧张。

杏仁核能够根据自己的情感记忆做出反应,不需要基于皮层的记忆。追踪大脑中产生情绪反应的路径的研究表明,情绪学习可以在不涉及大脑皮层的情况下进行(LeDoux,1996)。下面的例子将有助于说明这一点(Claparede,1951)。

一名妇女因柯萨科夫综合征住院,这是一种经常与慢性酒精中毒有关的记忆障碍。她的大脑皮层无法形成对她经历的记忆,所以即便她在同一家医院住了多年,她还是无法认出她的医生或医院,也不知道照顾她几个月的护士叫什么名字,也记不起几分钟前给她讲的一个故事的细节。但与此同时,她的杏仁核显示出无需大脑皮层帮助就能创造情感记忆的能力。

有一天，她的医生做了一个小实验（按照今天的标准，这个实验是不道德的）。当他伸出手去和她握手时，他用藏在手掌里的一根别针扎住了她的手。第二天，当这位女士看到医生伸出手时，她害怕地迅速把手缩回来。当被问及为什么拒绝和他握手时，她无法解释。此外，她还报告说自己不记得以前看过医生。她对一件会让她害怕医生的事情没有形成皮层记忆，但她的杏仁核创造了一种情感记忆，而她的恐惧正是证据。

发现杏仁核记忆的来源

如果你害怕一个特定的物体或情境，而大脑皮层又无法回忆起与此有关的记忆，所以你就会为自己的情绪反应感到困惑，为什么我会对此感到恐惧？

例如：莉莉在一个讲焦虑的网站上学习社交恐惧症的症状时认识到自己患有社交恐惧症。她知道自己在人群中感到不自在，害怕参加家庭聚会，比如感恩节晚餐。当她的治疗师告诉她，这种焦虑可能是由于她的杏仁核，她不知道为什么她的杏仁核会产生这种情绪反应。但在她的治疗师要求她找出聚会引发的焦虑的具体症状后，莉莉说，即使是一群快乐的家庭成员，身处他们之中也会感到非常痛苦，尤其是当他们都同时看着她的时候。

当治疗师问莉莉，她是否能想到一种经历，能让她的杏仁核认识到一群人是危险的时，莉莉回忆起二年级时的一件事，当时一群孩子大声朗读，她是其中之一，轮到她读书时，她感到有困难，而老师对待她的方式使她感到受到了羞辱。这次经历的皮层记忆最终回到了莉莉的脑海中，她明白了为什么她的杏仁核会产生一种情感记忆来保护她。因为那段记忆，她的杏仁核对一群人做出了反应，仿佛他们构成了危险。

意识到杏仁核储存着大脑皮层所不知道的情绪记忆，可以帮助更好地理解某些情绪反应。有时候，大脑皮层对杏仁核产生的情感反应的起源或目的完全不了解，所以在下一章我们将帮助你和你的大脑皮层对杏仁核的运作有更多的了解。

总　结

有两条路径可以产生焦虑。其中一条是通过皮层的细节聚焦回路，最终将信息发送到杏仁核，杏仁核会产生焦虑反应。另一条路径直接从丘脑到杏仁核。每一种路径都能导致杏仁核产生焦虑，但每一条路径都是由回路构成的，回路的某些方面是可以改变的。如果你了解这个回路是如何工作的，你就可以重新连接你焦虑的大脑，这样你就不会那么焦虑了。

第2章
焦虑的根源：理解杏仁核

可千万别被杏仁核的小尺寸所蒙骗了。尽管人类大脑中最大、最发达的部分——大脑皮层，在很多方面都对焦虑有影响，但杏仁核才发挥最重要的作用，因为它同时参与了导致焦虑的两条路径。就像乐队指挥一样，杏仁核控制着你大脑和身体的许多不同反应。除了依赖于预先编程的反应，它对发生在你身上的事情以及对你特定经历的反应也非常敏感。

在本章中，你将学习杏仁核的特殊"语言"及其对你生活的影响。从进化的角度来看，杏仁核是一个非常古老的结构，人类的杏仁核与其他动物的杏仁核非常相似。由于人类的杏仁核与老鼠、狗，甚至鱼的杏仁核非常相似，研究人员已经能够深入研究它的功能，并对它如何产生恐惧和焦虑了解颇多。

在人一出生的时候，杏仁核已经预先设定好了反应程序，准备付诸行动。但是这个古老的结构并不是固定的，杏仁核会根据人的日常经历不断地学习和变化。事实上，一旦理解了我们所说的"杏仁核语言"，你就能更好地控制自己的焦虑反应，因为你知道它是如何影响大脑中产生恐惧的那部分的。

保护者——杏仁核

要搞清楚由杏仁核所产生的焦虑，可以将杏仁核视为你的保护者。产生恐惧的杏仁核以保护为中心目标是自然的选择。日常生活中，杏仁核对任何可能暗示潜在危害的事情都保持警惕。虽然保护的目的是好的，但是杏仁核可能反应过度，在不太危险的情况下产生恐惧反应。

以即将发表演讲的弗兰为例。当她站在众人面前，所有人都盯着她看时，她的心脏开始怦怦直跳，呼吸也变得急促。她的杏仁核要保护她什么呢？它似乎认为站在观众面前是很危险的。

弗兰并不是唯一一个经历这种反应的人。研究表明，对公众演讲的恐惧是最常见的恐惧，超过了对飞行、蜘蛛、高处和密闭空间的恐惧（Dwyer and Davidson，2012）。如何解释这种普遍的反应呢？进化论科学家认为，由于杏仁核试图阻止我们成为掠食者的猎物，我们可能倾向于将眼睛注视我们的行为解读为一种潜在的危险情况（Qhman，2007）。还有人认为，被一群围观者拒绝的风险来自一种古老的恐惧，即害怕被自己的家族拒之门外（Croston，2012）。这种恐惧曾经意味着，你只能独自谋生，面对四处游荡的捕食者——这意味着被宣判死亡。在任何情况下，人类杏仁核的反应似乎都是在保护我们，让我们脱离危险处境。

弗兰可能没有意识到，她的反应的进化根源以及杏仁核在其中的作用。她的大脑皮层可能在告诉她，她害怕被批评、羞辱，害怕犯错误，而她的杏仁核则是从更史前的角度运作的。事实上，大脑皮层经常会为我们的行为找出原因，而这些原因可能是正确的，也可能不是。然而，这里关注的不是大脑皮层的准确性，而是它的影响。弗兰对自己杏仁核焦虑的反馈越多，自己的大脑皮层就越会产生焦虑。这就像你担心自己的报告老板永远都不会满意一样，只是徒增烦恼。在大脑皮层中寻找杏仁核焦虑的原因，就像缘木求鱼，找错了地方！

相反，弗兰需要关注的是杏仁核。她需要的不是通过脑皮层寻找焦虑的原因，而是通过脑皮层解读杏仁核的反应。首先，她要知道自己心跳加速和呼吸加快，是为战或逃做准备，并不表示她真的有危险。虽然这些反应对公共演讲没有帮助，但它们是杏仁核反应的一部分。意识到杏仁核的这种保护性反应对理解和控制自己的焦虑至关重要。在很多情况下，杏仁核认为你处境危险需要保护的假设是错误的。幸运的是，你可以通过重新训练你的杏仁核来补救这个问题。你可以通过想象自己处于一个危险的境地来训练杏仁核的反应。杏仁核的保护性反应通常是被误导诱发的，因此要避免让大脑皮层来强化这种反应。

最后，认识到杏仁核的保护性反应并不能有效阻止它，一个更有效的方法是使用深呼吸技巧和策略来重新训练它，我们将在本书的第2部分中概述这一方法。

杏仁核是如何决定什么是危险的

人类的杏仁核似乎倾向于对某些刺激做出反应，好像它们是危险的（Ohman and Mineka，2001）。害怕蛇、昆虫等动物，恐高，害怕愤怒的面部表情，怕脏，似乎都与杏仁核有着生物学上的内在联系，因为人类几乎天生就怕这些东西。例如，很少有孩子有汽车恐惧症，但是很多孩子害怕昆虫。尽管汽车对儿童造成的危险比昆虫大得多，但对昆虫的恐惧似乎是与生俱来的，儿童很容易产生这种恐惧。毫无疑问，这是数千年进化的结果，对昆虫的恐惧在某种程度上促进了生存。然而即使是已经植入杏仁核的恐惧也可以改变。如果无法改变的话，我们中的许多人就不太可能与像猫或狗这样的尖牙动物生活在一起，并把它们当作我们家庭的一部分。

另一方面，对许多东西的恐惧并不是天生的，是习得的。当一个孩子被生日蜡烛之类的东西烧伤后，他的杏仁核会倾向于害怕看到火焰。此外，杏仁核会迅速将各种燃烧的物体添加到需要避免的危险物品列表中，所以孩子可能也会害怕打火机、火花和营火。杏仁核保留着持久的记忆，能够识别出危险的物体和类似的物体。这是一个非常强大的和自适应的能力，因为它允许创建专门的神经系统，帮助人们在生活中避免特定的危险发生。当我们向人们解释导致焦虑的两条路径时，他们往往会问，人是否可能遗传了敏感的杏仁核。基因肯定会影响杏仁核，从而带来一些典型的情绪反应。例如，左杏仁核较小的儿童比其他儿童更容易出现焦虑障碍（Milhnm et al.，2005）。好消息是，每个杏仁核都有学习和改变的能力，在后面的章节中，你将学习如何训练你的杏仁核做出不同的反应。

情感记忆

杏仁核会形成记忆，但不是人们通常思考记忆的方式。根据人的经历，杏仁核创造了积极的和消极的情绪记忆，但是人不一定意识到。积极的情感记忆，比如把香水的味道和对伴侣的爱联系起来，通常不会带来太大的麻烦。因此，我们将关注负面情绪记忆，尤其是那些导致恐惧和焦虑的记忆，因为这些记忆会导致大量基于杏仁核的焦虑。

杏仁核的外侧核会根据经历产生情感记忆，这些记忆会让人对某些物体或情况做出危险的反应。因为这些记忆，你会感到不适、恐惧或焦虑。然而，你没有意识到这种感觉是由于情感记忆，因为情感记忆不是以图像或语言信息的形式存储的，它不同于皮层记忆。杏仁核记忆会直接触发某种情绪状态。如果它触发的是焦虑情绪，在你不知道杏仁核语言的情况下，很容易就会认为这种感觉真实地反映了情况的危险性。

以萨姆为例，他和女友遭遇了一次车祸，开车的女友受到了严重的伤害。直到今天，当山姆坐在汽车上时仍然会感到焦虑——似乎危险随时会发生。这种焦虑是下意识产生的，并不是来自萨姆对之前遭遇的有意识回忆，每当他要乘别人的车时，他就会因惊恐而变得非常不适。如果要他用语言来表达这种感受，他会说，他宁愿开车也不愿坐别人开的车，开车会让他感觉更舒服。多年来他从来不当乘客。他内心深处的情感反应是如此真实和执着，他甚至从未对此产生过怀疑，更不要提去改变它。

测试：熟悉杏仁核记忆的影响

你可能想知道杏仁核记忆是什么感觉。阅读下面的描述，如果你有相似的体验请打勾：

_____我注意到在某些情况下，我的心跳得很厉害或者心率加快。

_____我无意识地回避某些事情、场景或地点。

_____即使在不需要的时候，我也会一直关注或检查某些事情。

_____在某一类或某个特定的地方时我无法放松戒备。

_____看似无关紧要的事情会让我担心。

_____我会快速陷入失控的惊恐中。

_____在某些情况下，我感到非常愤怒，甚至想要打架，但我知道这是完全没道理的。

____我有一种强烈的冲动想要逃避某些场面。

____我感到不知所措，在某些情况下无法清晰地思考。

____在某些情况下，我感到麻痹，无法做任何事情。

____在紧张的情况下，我不能正常呼吸。

____在某些情况下，我会产生肌肉紧张。

以上情况都反映了杏仁核外侧核形成记忆可能带来的影响。如果你已经感觉到其中的一些反应，你可能正在经历杏仁核记忆的影响。这些记忆试图在你遇到危险时保护你。当这些记忆被激活时，你通常无法理解自己的反应，或者感觉无法控制自己的反应。此外，你可能对这些反应进行了错误的反馈，这些反馈来自大脑皮层的错误解读。

战斗、逃跑或怵立反应

杏仁核在大脑中的中心位置使其处于能影响大脑其他部位的有利位置。大脑可以在瞬间改变身体的基本功能。当检测到危险时，杏仁核会影响大脑中一些极具影响力的结构，包括脑干唤醒系统、下丘脑、海马体和伏隔核。这些直接的联系使杏仁核能立即激活运动系统、交感神经系统，增加神经递质水平，并向血液中释放肾上腺素和皮质醇等激素。这种激活会给身体带来一系列的变化：心率加快，瞳孔扩大，血液从消化道流向四肢，肌肉紧张，身体充满能量，为行动做好准备。面对这些生理变化，人可能会感到颤抖、心跳加速、肠胃不适。

所有这些变化都是战斗、逃跑或怵立反应的一部分，正如前面提到的，中央核是杏仁核的一部分，当需要这种反应时，战斗、逃跑或怵立反应就会在这里开始，我们认为这是一个挽救生命的事件。但如果中央核反应过度，当没有合理的恐惧理由存在时，它就会引发全面的惊恐。

一旦引发惊恐发作，杏仁核的中央核就处于控制的地位，而大脑皮层几乎没有什么影响。有些人在惊恐时反应非常激烈，有些人逃离了现场，还有一些人动弹不得。如果你患有惊恐症，当人们试图说服你不惊恐时，他们实际上是在和一个被关闭的大脑皮层对话。这时直接针对杏仁核的策略会更有效，如运动或深呼吸，我们将在第6章和第9章教你这些策略。

对任何与焦虑作斗争的人来说，意识到杏仁核的核心能力是至关重要的。它提醒我们，每个人的大脑都是天生的，在遇到危险的时候，杏仁核会控制大脑。杏仁核在危险的情况下迅速做出身体反应，挽救了无数人（人和其他动物）的生命。这些例子包括在交通中猛踩刹车，当一个犯规的球朝你飞来时闪身，或者在你老板脖子上的血管膨胀大发怒火前离开房间。所有这些情况都是你的杏仁核试图将你从感知到的危险中拯救出来的例子。但正如我们所提到的，有时候出于善意的杏仁核自身就是个问题。

杏仁核的语言

此时此刻，你已经学到了很多关于杏仁核如何产生焦虑的知识。你知道杏仁核的主要功能之一就是保护你。你也知道它是通过习得的经验来识别某些危险的物体或情况。你了解到杏仁核记忆是无意识记忆，是情绪体验性记忆。最后，你知道杏仁核有一个即时反应系统，当你感觉自己处于危险中时，它可以控制你的大脑和身体。这就提出了我们如何控制杏仁核的问题。要做到这一点，我们需要将新的信息传递给大脑中这个小而强大的部分，而最好的方法就是使用杏仁核自己的语言。

我们在这里用"语言"这个词来描述杏仁核与外界沟通的方式。这种特殊的语言不是文字或思想，而是情感。说到焦虑，杏仁核的语言对危险和安全的关注相当狭窄。它基于经验，是一种快速行动和反应的语言。当你理解了这门语言的细节后，你对杏仁核焦虑的体验就会变得更有意义，你也能与杏仁核交流新的信息，从而训练它做出不同的反应。

正如在第1章中所讨论的，大脑中神经回路是"连接在一起发射放电的神经元"（Doidge，2007）。杏仁核的语言是建立在神经元之间连接的基础上的。涉及以杏仁核为基础的焦虑时，杏仁核外侧核的神经元会处理有关物体或情境的感觉信息，并同时对这些信息进行识别。杏仁核会识别出任何与危险相关的视觉、声音或其他感官信息。因此，联想是杏仁核语言的重要组成部分。

心理学家对基于联想的学习（通常称为经典条件反射）的认识已经超过一个世纪，但直到最近几十年，他们才认识到这种学习的某些类型发生在杏仁核中。在这本书中，我们利用了神经学家约瑟夫·勒杜（Joseph LeDoux，1996）和他的团队的许多发现，他们正在研究由杏仁核引发焦虑的神经基础。当感觉信息与同时发生的积极或消极事件相关联时，杏仁核会扫描你的情绪记忆，并以非常特殊的方式做出反应。当感觉、物体或情景与消极事件有关时，所形成的记忆由侧核存储在会产生消极情绪的神经回路中。

杏仁核外侧核的情绪学习

想象一个人正面对一条狗。与狗有关的视觉和听觉是通过丘脑处理的，并直接传递到杏仁核的外侧核，杏仁核不会自动产生会导致焦虑的神经回路变化。只有在负面体验发生或即将发生时，外侧核才会处理关于狗的感官信息，这时才会产生恐惧，例如受到威胁或被狗咬了。外侧核神经元就是通过这种方式习得恐惧的。如果狗表现出友好或中性的态度，外侧核就不会对狗产生负面的情绪记忆。

然而，当被狗咬伤等痛苦或负面经历发生时，传递咬伤感觉信息的神经元会在外侧核中产生强烈的情绪刺激。如果这种兴奋发生在外侧核接收狗的感觉信息的同时，外侧核就会改变神经回路，在未来对狗或类似动物做出负面反应。在对老鼠的研究中，科学家们实际上已经能够观察到，在这样的经历下杏仁核中会形成连接（Quirk，Repa，and LeDoux，1995）。

与恐惧或焦虑相联系的物体或情境本身不一定有害或有威胁性。任何物体，甚至是泰迪熊，都可能通过基于联想的学习而引起焦虑。要形成联想，所需要做的就是让这个物体与某个危险或威胁的事件同时激活外侧核。杏仁核中基于联想的语言创造了你所经历的许多情感反应；以杏仁核为基础的焦虑只是一个例子。在焦虑的情况下，外侧核将来自某个情境的感觉信息与恐惧情绪联系起来。这种联系建立之后，每当杏仁核识别出类似的感觉信息时，你就会感到焦虑。与消极事件相关的视觉、声音或气味能够激活杏仁核的报警系统。"触发"一词指的是任何事物——事件、物体、声音、气味等——通过基于联想的学习激活杏仁核的报警系统。在上面的例子中，狗会引发焦虑。触发是杏仁核语言的一个重要方面。

当杏仁核处于激活状态时，任何物体都能成为触发器，这似乎令人十分惊讶。但是基于杏仁核的焦虑是由联想引起的，而不是逻辑，所以触发并不需要有逻辑意义。这里将举一个例子来说明联想而不是因果关系是如何控制杏仁核焦虑的：约瑟芬娜正要把一只泰迪熊送给她的孙子，孙子向她快乐地跑过来。结果他突然摔倒了，嘴唇在车道上磕裂成了两半。现在，每当他看到泰迪熊的时候，都会感到由杏仁核引发的焦虑。由于完全无害的泰迪熊与受伤的疼痛有关，泰迪熊成为引发人们恐惧的导火索。

杏仁核的反应程度也会由于经历的不同而有强弱的区分。例如，你可能对某种与负面经历有关的食物有轻微的厌恶。比如你生病时吃了煎饼，然后呕吐了，那么你可能会发现，即使多年以后，煎饼的味道也会让你恶心。

在你认为没有杏仁核，人的生活会更好之前，请记住它的作用是保护你。此外，它产生积极的情绪也是通过联想的学习。例如，如果你的特别之人送你一条项链作为礼物，你会感到对方的温暖和爱。后来，当你看到项链时，项链与爱情情感之间形成的联想会让你再次体会到温情和感动；如果这条项链没有配上心爱的人，它只是件珠宝罢了。许多积极的情绪反应都是由杏仁核产生的，所以不要想着摆脱它。

事实上，如果两个人有不同的经历，他们对同一物体的反应可能会完全不同，这要归因于杏仁核的语言。本书的一位作者凯瑟琳很喜欢长腿蜘蛛，因为她小时候在祖母的花园里摘她最喜欢的红树莓时常遇到长腿蜘蛛。大家都知道，她会轻轻地把长腿蜘蛛拿起来带出家门。而本书的另一位作者伊丽莎白则非常害怕长腿蜘蛛。

测试： 识别生活中的杏仁核情绪

你能想到一些无害的情况或物体会导致你产生杏仁核焦虑吗？你是否曾经对自己毫无理由地害怕和讨厌一个人或一件事情

感到困惑？是否曾经经历过对某人或某事产生过出乎意料的正面情绪。这些情绪反应可能是杏仁核语言的反映。请在一张纸上列出正面反应和负面反应的例子，记住，列举这两个类别的项目不需要有任何逻辑。例如，你可能对紫丁香的气味有消极的情绪反应，而对雷暴有积极的情绪反应。

杏仁核反应是非理性的

正如你所看到的，基于杏仁核的情绪是非理性的。它们基于联想而非逻辑。以贝丝为例，她在播放某首滚石乐队的歌曲时遭到了侵犯。之后，每当贝丝听到这首歌，她都感到极度焦虑。显然，滚石乐队的这首歌与侵犯无关，只是袭击发生时它正在播放，一切只是个巧合。尽管如此，贝丝的杏仁核对这首歌和侵犯之间的联系做出了反应，这是一个非常负面的事件。通过这种方式，杏仁核将一个中性物转变成情绪反应刺激。换言之，杏仁核改变了对它的反应模式。

人们能够体验到杏仁核在物体和恐惧之间建立的联系，但可能不知道或不理解这种联系。人可能会对一个物体产生强烈的情绪反应，而意识不到这是一种神经联系，也没有理解为什么会发生这种情绪反应。这种意识的缺乏是完全正常的，各种神经活动都如此。例如，当你坐着、呼吸或阅读本书时，根本不需要意识到是什么神经回路在起作用。然而，对于患有焦虑症的人来说，了解杏仁核在产生恐惧联想方面的重要作用是有帮助的。它让你停止寻找逻辑解释，开始学习使用杏仁核的语言。我们以唐为例，他是一名越战老兵，患有创伤后应激障碍（PTSD）。唐曾经经历过惊恐发作，但之后很多年都没有再出现。但是突然之间，他开始每天早上毫无理由地惊恐发作。当他被鼓励去寻找原因时，他意识到自己的惊恐与洗澡密切相关。在观察了几天他洗澡时的焦虑情绪后，唐意识到，他的妻子已经改用他在越南用过的同一品牌的肥皂。肥皂的气味激活了杏仁核的反应，引起惊恐。在杏仁核的语言中，肥皂是战争的导火索。

意识到肥皂是他惊恐发作的原因，唐松了一口气。了解杏仁核的语言让他有了新的认识，帮助他认识到自己没有发疯，他非常担心创伤后应激障碍开始再次占据自己的生活，不过好在并没发生这种情况。在唐的例子中，他知道肥皂并不危险，但每当他闻到肥皂的味道时，他仍然感到焦虑。理解杏仁核的语言并没有帮助他切断这种联系，但可以帮助他换一个牌子的肥皂来结束早晨的惊恐。

对唐来说，更换肥皂的牌子不用花费成本。但有时触发因子比肥皂更复杂，甚至无法避免。想想看，一个水管工害怕蜘蛛（蜘蛛有办法躲在水槽下面），或者一个在二十楼工作的办公室经理，一乘电梯就会惊恐发作。在这些情况下，减少或消除恐惧需要重新训练杏仁核。我们将在本书的第2部分中解释如何做到这一点。现在，只要知道有一些方法可以改变你的情绪回路，希望就在前面。

也许你不确定某种情绪反应从何而来，幸运的是，我们也没有必要知道。正如我们在第7章中呈现的，一旦人认识到特定的触发器与焦虑反应之间的联系，即使不知道情绪记忆的最初原因，也可以采取措施改变与特定的"触发因子"相关的回路。

从经验中学习

许多人认为，焦虑应该通过理性的权衡来减轻。善意的家人和朋友，有时甚至是与焦虑作斗争的人，也往往认为逻辑和理性可以用来改变焦虑的反应。但杏仁核本身就是毫无逻辑可言的。如果一个小男孩被狗咬伤后害怕狗，你不会远远地说一句："别担心我的狗朋友，它从来没有咬过任何人，它只会叫罢了，不咬人的。"一旦你掌握了杏仁核的语言，你就会明白为什么基于逻辑的干预没有达到目的。正如你将在书的后面看到的，许多基于皮层的焦虑症状确实对逻辑论点有反应，但是当涉及基于杏仁核的焦虑时，唯一有效的办法就是从经验中学习。

杏仁核的学习依赖经验解释了为什么长时间的谈话疗法或阅读大量的自助书籍可能无助于缓解焦虑：它们可能并不针对杏仁核。如果你想要杏仁核改变它对一个物体（例如，一只老鼠）或一个情境（例如一群嘈杂的人）的反应，杏仁核需要对这个物体或情境有经验，才能产生新的学习。当一个人直接与物体或情境互动时，经验是最有效的，尽管观察学习另一个人也被证明会影响杏仁核（Olsson，Nearing，and Phelps，2007）。你可以用几个小时的时间对杏仁核进行推理，但如果你试图改变以杏仁核为基础的焦虑，这种策略不会像几分钟的直接体验那么有效。

因此，要改变你的杏仁核对老鼠的恐惧反应，你必须在老鼠面前才能激活与老鼠有关的记忆回路，只有这样才能建立新的连接。因为杏仁核是在联想或配对的基础上学习的，它必须经历这些配对的变化，才能使回路发生变化。毫不奇怪，当关于老鼠的记忆回路被激活时，你会感到一些焦虑。

不幸的是，人们通常会试图避免这种经历，而这种避免会阻止杏仁核形成新的连接。回到老鼠的例子，你甚至可能试图避免想到老鼠，因为仅仅想到老鼠就会引起杏仁核的反应，引发焦虑反应。杏仁核倾向于回避任何能够触发焦虑情绪反应的因素，这降低了改变情绪回路的可能性。作为终极生存主义者，杏仁核总是刻意保持谨慎，它的默认设置是组织反应，减少你对触发因子的暴露。但是，这样做反而使得基于杏仁核的焦虑反应难以改变。

当你意识到你需要激活杏仁核的回路来产生新的连接时，你已经学到了重要的一课。我们喜欢用"激活生成"这个简洁的短语来概括这一要求，这可能是杏仁核语言中最具挑战性的，因为它涉及接受焦虑的经历，将其作为新学习的必要条件。通过激活杏仁核对特定物体或情境的记忆的经历，你用它自己的语言与它交流，可以让杏仁核处于最佳状态，让新的回路形成，新的学习发生。

总　结

在本章中，你已经学习了杏仁核是如何通过对体验的联想产生焦虑的，也知道了杏仁核的主要功能之一是保护人体自身，而人对杏仁核创造的记忆可能没有意识，只是作为情感反应来体验。杏仁核有一个即时反应系统，当你感觉自己处于危险中时，它可以控制你的大脑和身体。杏仁核可以从它的经历中学习，而你则可以使用杏仁核自己的联想语言来建立新的联系。在第7章和第8章，你将学习如何重新连接杏仁核，使它以平静的方式做出反应。如果你多年来一直为基于杏仁核的焦虑所困扰，本书的学习将会让你拥有惊人的掌控感。

第3章
大脑皮层是如何产生焦虑的

虽然杏仁核回路在瞬间激活多种生理反应的能力上非常强大，但焦虑也可能起源于皮层回路。大脑皮层的运作方式与杏仁核完全不同，但它的反应和回路会促使杏仁核产生焦虑。大脑皮层产生的不必要的焦虑，会同时加重起源于杏仁核的焦虑。一旦你理解了你的大脑皮层是如何引发或促成焦虑的，你就能看到阻断或改变大脑皮层反应以减少焦虑的可能性。

起源于大脑皮层的焦虑

大脑皮层可以通过两种方式引发焦虑。第一种是丘脑将视觉、听觉等感官信息导向大脑皮层和杏仁核。当大脑皮层处理这些信息时，它可以把完全安全的信息解释为威胁，然后它会向杏仁核传递一个信息，从而产生焦虑。在这种情况下，大脑皮层将一种不会自然激活杏仁核的中性体验转变为一种威胁，导致杏仁核做出焦虑反应。

例如：一位高中生申请了几所大学，他查邮件时看到了一封来自他申请的大学的信件。他以为那是一封拒绝信，于是在打开信之前，他有过几次非常焦虑的时刻。结果，他被录取了，甚至还获得了奖学金。尽管如此，他的大脑皮层通过对信封的解读引发了一种焦虑反应，产生了令人痛苦的想法，这些想法激活了他的杏仁核。这种基于大脑皮层的焦虑依赖于脑皮层对接收到的感官信息的解释。

大脑皮层启动焦虑反应的第二种方式一般是在没有任何特定外部感觉参与的情况下发生。例如，当大脑皮层产生忧虑或痛苦的想法时，即使人们没有看到、听到或感觉到任何危险，杏仁核也会被激活，产生焦虑反应。例如，一个婴儿的父母把他们的小男孩留给保姆去吃晚饭，突然开始担心孩子的安全。尽管这个男孩非常安全，但这对父母认为孩子很痛苦，或者孩子被保姆忽视了。而像这样的想像便会激活杏仁核，即便没有感官信息表明孩子处于危险之中。

认知融合

在我们研究大脑皮层产生焦虑的两种一般方式之前，我们想先讨论一下两种方式中都可能发生的一种心理过程：认知融合，即相信纯粹的思想是绝对真实的。这是大脑皮层产生的最大问题之一，它会产生一种僵化的信念，认为思维和情感应该被视为反映了一个不容置疑的终极现实。在上面的例子中，高中生和忧心忡忡的父母都可能是认知融合的受害者，因为他们过于认真地看待自己的负面想法和形象。

把一个想法和现实混淆起来是一个非常诱人的过程，因为大脑皮层倾向于相信它拥有每一个想法、情感或身体感觉的真正含义。事实上，大脑皮层非常容易产生误解和错误。有错误的、不现实的、不合逻辑的想法或经历没有多大意义的情感是很常见的。事实上，你不必认真对待你的每一个想法或情绪，一些想法和情绪是可以简单放过的，不需要过多的关注或分析。在第11章中，我们将详细讨论认知融合，帮助你评估你是否容易认知融合，并提供策略来帮助你化解僵化的思想。

独立于感官信息而产生的焦虑

现在我们来仔细看看大脑皮层引发焦虑的不同方式。首先，我们将考虑一种焦虑，它开始于大脑皮层产生的想法或图像，没有任何来自你感官的信息。事实上，这个过程有两个子类，基于思维的和基于图像的焦虑，分别源自大脑皮层的不同半球。基于思维的焦虑来自左半球，基于图像的焦虑来自右半球。也就是说，这两种由大脑皮层引起的焦虑并不相互排斥。事实上，它们经常同时发生。

基于左半球的焦虑

充满沮丧的想法更有可能来自大脑皮层的左侧，这是大多数人语言的主要半球。逻辑推理产生于左半球，它是焦虑和语言反刍的基础（Engels et al.，2007）。担忧是为一种情况设想消极结果的过程。反刍是一种思考方式，包括反复思考问题、关系或可能的冲突。在反刍中，人们高度关注细节和情境可能的原因或影响（Nolen-Hoeksema，2000）。尽管人们相信像担心或反刍这样的思考过程会带来解决方案，但实际上发生的是大脑皮层中产生焦虑的回路的强化。此外，反刍已被证明会导致抑郁（Nolen-Hoeksema，2000）。

花大量的时间或是精力去思考过多的细节更有可能使得大脑皮层得到强化。大脑中的回路以"忙碌者生存"为原则运作（Schwartz and Begley，2003），无论你重复使用什么回路，在未来都很容易被激活。这意味着，焦虑和反刍的过程并没有带来解决方案，而是在你的思维过程中创造了深深的凹槽，使你倾向于把注意力集中在左半球的这些问题上。有时反复的分析使人迷失，导致了一种名为焦虑性忧虑的体验（Engels et al.，2007）。随着这些持续不断、令人担忧的想法在脑海中反复出现，它们变得越来越难以消除。这种思维方式在广泛性焦虑症和强迫症患者中尤其常见。

基于右半球的焦虑

人类丰富的想象能力来自大脑皮层的右半球，它与分析性、语言性的左半球不同。右半球是非语言的，以更全面、更完整的方式处理事物。它帮助我们看到图案，识别面孔，识别和表达情感。它还是视觉图像、想象力、白日梦和直觉产生的地方。因此，它会导致基于想象和形象化的焦虑。

当你想象一些可怕的画面时，用的是右半球皮层。当你在想象中听到指责你的批评性语气时，右半球皮层也参与其中。如果你特别善于想象，杏仁核会做出反应。当右半球皮层产生可怕的图像时，杏仁核会高度活跃。

研究表明，大脑右半球与焦虑症状密切相关（Keller et al.，2000）。事实上，与左半球相比，它与焦虑的关系更强，在这种焦虑中，一个人会感到强烈的唤起和恐惧（Engels et al.，2007）。例如，有惊恐障碍的人更有可能有右半脑焦虑（Nitschke，Heller，and Miller，2000）。与因担忧或担心而引发的焦虑不同，当你的焦虑被强烈地唤起时，你大脑皮层右侧更有可能被激活。警惕性，即对整个环境进行扫描以寻找危险迹象的警觉性状态，也产生于右半球（Warm，Matthews，and Parasuraman，2009）。

焦虑源于大脑皮层对感官信息的解释

现在我们将转向本章开头描述的另一种由于大脑皮层对中性感官信息的误读而产生的焦虑。你可能处在一个完全安全的环境中，但是你的大脑皮层会对感官信息做出错误解读，让你觉得环境是危险的、令人不快的。丘脑传送的感官信息通过大脑皮层回路处理和解释后被赋予了意义。让我们再来看那个高中生的例子，他以为自己被大学拒绝了，但实际上却得到了奖学金。他的大脑皮层将信封解读为一个令人痛苦的消息来源，并把它变成了一个非常可怕的东西。

人类大脑额叶皮层相当发达，有能力来思考未来的事件并想象其后果。这通常是很有帮助的，因为大脑皮层产生的解释能让我们对各种情况做出良好的反应。然而，当大脑皮层反复做出焦虑的反应时，问题就出现了。无论是由于特定的学习经历、特定的生理过程，还是最常见的两者的结合，大脑皮层回路做出的反应可能反而会助长焦虑、悲观和其他消极解释的出现（我们将在本书的第3部分更详细地讨论这个问题）。

如果你的大脑皮层将完全安全的情况解释为威胁，你就会感到焦虑。想想达蒙，他在社区遛狗，看到一辆消防车开着灯，警报器响着，朝着他房子的方向开过来，他把这解释为他的房子着火了。结果，他开始感到极度的焦虑。他焦虑的原因是大脑皮层对消防车含义的理解，而不是消防车本身（图5说明了这个过程）。

图5清楚地表明，造成达蒙焦虑的是他大脑皮层产生的想法，而不是看到消防车这件事。事实上，从达蒙的位置来看，他不可能看到他的房子，或者任何人的房子着火了，所以没有理由看到消防车就焦虑。他的大脑皮层得出可能发生火灾的结论可能是合理的，但也存在其他的解释，比如与火灾或达蒙家无关的事故或

医疗紧急情况。但是达蒙并没有考虑这些选择，而是想象他的房子着火了。结果，他的左半球开始工作，考虑到火灾可能是如何开始的，心想"我可能忘了关炉子，或者电线太旧了。也许是短路引起的"。与此同时，他的右半球正在创造他的厨房被火焰吞没的画面。他的杏仁核可能会对这些想法和图像做出反应，作为回应，达蒙可能会惊慌失措地赶回家，尽管他的家没有受到任何威胁。而在这里，他的大脑皮层的反馈和解释正是他焦虑的根源。

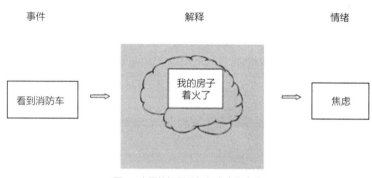

图5　皮层的解释是如何产生焦虑的

预期：人类大脑皮层的天赋

人类的大脑皮层有能力预测未来的事件并想象它们的后果，这就是预期，它既是好事也是坏事。预期是指对将要发生的事情的预测，是大脑皮层通过思考或想象以应对未来事件的一种能力。它主要发生在左侧前额叶皮层（位于前额后面），也就是主要负责语言的一侧。左前额叶皮层是大脑中我们计划和行动执行的地方，所以预期在这里发生并不奇怪，因为预期就是为了以某种方式做好应对的准备。我们可以以积极的方式期待，对即将到来的事件感到兴奋和渴望。然而，我们也可以用消极的方式进行预期，期待和想象消极甚至危险的事件。这可能会导致很大的痛苦。

对消极情况的预期会产生具有威胁性的想法和图像，从而显著增加焦虑。事实上，预期的过程往往比预期的事件本身更令人痛苦！在很多情况下，人们预期的情况比实际情况要糟糕得多，比如对对抗、考试或必须完成的任务的预期。

正如你所看到的，大脑皮层使用语言、产生图像和想象未来的能力，使得它能够在杏仁核中引发焦虑反应，即使没有焦虑的原因。人们通常发现，大脑皮层在制造焦虑方面的作用比杏仁核更容易识别，这是因为我们能观察和理解大脑皮层产生的思维和图像的语言。与杏仁核相比，我们能更直接地控制大脑皮层的某些部分，我们更有能力打断和改变皮层产生的想法和图像。这并不是说控制大脑皮层很容易。一旦大脑皮层建立了特定的反应模式，并形成习惯，就很难打断和改变它们，但是它们还是可以改变的。我们将在本书的第3部分中解释如何实现这一点。

大脑皮层通往焦虑的最后一步：杏仁核

对大脑皮层回路的讨论还没有完成，直到我们搞清楚回路的最后一个组成部分杏仁核的作用。大脑皮层本身不能产生焦虑反应，焦虑反应需要杏仁核和大脑的其他部分来完成。事实上，无论是中风、疾病还是受伤，没有杏仁核功能的人都不会像大多数人那样经历恐惧。

以一位女性为例，她的杏仁核被一种罕见的疾病乌尔巴赫-怀特氏病（urbach-withe disease，Feinstein et al，2011）摧毁。她的故事让我们有机会一窥没有杏仁核恐惧反应的生活是什么样的。她可以接触蜘蛛或蛇，或者观看恐怖电影中的恐怖场景而不感到恐惧。更值得注意的是，在她的日常生活中，她曾被持枪抢劫，也几乎在一次袭击中丧生，但在这两种情况下她都没有感到恐惧。事实上，因为缺乏杏仁核正常的警惕功能，她成为了各种罪行的受害者。她的经历说明杏仁核是恐惧反应的来源。无论大脑皮层产生什么想法、图像或预期，焦虑的许多情绪和生理方面的症状只有在大脑皮层激活杏仁核时才会产生。

杏仁核对来自大脑皮层的信息做出反应。事实上，杏仁核对我们想象的事物的反应可能和它对实际发生的事情的反应是一样的。因为包含潜在危险的想法或图像的信息与实际感知和解释的类似信息的传递路径是相同的。如前所述，杏仁核几乎能立即处理通过丘脑直接从感官接收到的信息。在大脑皮层处理和解释信息的延迟之后，杏仁核也从大脑皮层接收信息。神经科学家还不清楚杏仁核是如何区分它从大脑皮层接收到的信息是以事实，还是以过于活跃的想象为依据的。

让我们看两个杏仁核对大脑皮层产生的想法或图像做出反应

的例子，来检验杏仁核对大脑皮层的依赖的利弊。在第一个例子中，夏洛蒂一天晚上在家听到有人从后门进来的熟悉声音。每天晚上当她丈夫回家时，她都会听到这种声音，所以她的杏仁核对这种声音没有反应，没有把它当作危险的信号。可是夏洛蒂心里明白，她丈夫外出钓鱼去了，这个时候不应该有人从后门进来。她的大脑皮层产生了危险意识和一个陌生人进入她家的画面，这影响了她的杏仁核，从而引发战斗、逃跑或怵立反应。她的心开始怦怦直跳，她停下在做的事儿，变得高度警惕，专注于让自己安全。如果有入侵者，这些反应可以挽救她的生命。

夏洛特的杏仁核对开门的声音没有反应，但对夏洛特房子里可能有个陌生人的想法产生了反应。对来自大脑皮层的信息做出反应，使杏仁核能够防范它无法识别的危险。杏仁核依靠大脑皮层提供额外的信息。但有时候杏仁核对皮层的依赖会导致不必要的焦虑，就像以下这个例子一样。

在这个场景中，夏洛特又一次晚上独自在家。她躺在床上，四周寂静无声，她突然感到不安，想象着有人闯进了房子。这个携带武器的入侵者在房子里走来走去，她的杏仁核对她大脑皮层中的这些图像做出反应。即使没有直接证据表明她处于危险之中，她的杏仁核仍然会对大脑皮层的活动做出反应，启动战斗、逃跑或怵立反应。突然，夏洛蒂感到非常恐惧，她的呼吸变得很浅，她觉得自己应该躲藏或寻求帮助，即使她意识到没有明显的危险迹象。

夏洛特的杏仁核对大脑皮层中的想法和图像做出反应，就好像它们反映了真实的危险，这就产生了一种非常真实的恐惧反应。正如你从这两个例子中看到的，你在大脑皮层中思考和关注的东西肯定会影响你的焦虑程度。从杏仁核的角度来看，大脑皮层中的想法或图像需要响应，即使杏仁核本身并没有从它接收到的更直接的感官信息中检测到危险。在对皮层信息做出反应时，杏仁核可能会启动战斗、逃跑或怵立反应。一旦杏仁核参与其中，你就开始体验与焦虑相关的身体感觉。

幸运的是，许多技术可以用来打断和改变基于皮层的思维和图像，这些思维和图像可能会激活杏仁核。通过练习，你可以重新连接你的皮层，从而减少激活杏仁核的可能性。第一步是识别大脑皮层何时产生可能导致焦虑的想法或图像。当你意识到这些想法及其引发焦虑的效果时，你可以开始识别这些想法，识别它们何时出现，并采取措施改变它们。

总　结

此时，你已经熟悉了大脑皮层引发焦虑的方式。你已经看到杏仁核可以被左半球的想法或右半球的图像激活。你也了解到认知融合的危险，并了解到大脑皮层的解释和预期会导致杏仁核产生焦虑。在本书的第3部分中，我们将研究特定的基于皮层的解释和反应，这些解释和反应可能导致焦虑，并讨论帮助你改变皮层产生的想法和图像的策略。但首先，在下一章中，我们将帮助你考虑你的焦虑的各个方面，并确定它主要起源于你的皮层还是杏仁核。这是决定如何重塑大脑以控制焦虑的关键一步。一旦你确定了焦虑的起点，你就可以运用正确的技巧来有效地解决问题。

第4章

确定焦虑的来源：
杏仁核、皮层，还是两者都有？

焦虑是一种复杂的反应，在大多数情况下，它涉及大脑的不同区域。虽然杏仁核和大脑皮层都起作用，但了解自己的焦虑从哪里开始非常有帮助，它决定了哪些策略可以减轻焦虑。在本章中，我们将帮助你评估你的焦虑是基于皮层、杏仁核，还是两者都有。同时，你也会更深入地了解到焦虑的想法和反应是如何影响你和你的生活的。

你的焦虑从哪里开始？

尽管杏仁核是焦虑反应的神经来源，并经常先于皮层的思维反应，但焦虑并不总是始于杏仁核。它也可以从大脑皮层开始，然后通过思维和心理图像激活杏仁核。如果你看到一只狂吠的狗而感到焦虑并开始呼吸急促，这就是杏仁核引发的焦虑。如果你正在紧张地踱步，因为你正在等待一个重要的电话，这就是皮层引发的焦虑。了解你的焦虑从哪里开始，又是如何开始的，会让你采取最有效的方法来阻断这个过程。

重要的是要记住，当焦虑开始于杏仁核时，皮层的干预，如逻辑和推理，并不总是有助于减轻焦虑。杏仁核焦虑通常可以通过某些特征来识别。例如，它似乎是突然出现的、强烈的生理反应，而且似乎与情境不相称。当焦虑开始于杏仁核时，你需要使用杏仁核的语言来改变它。杏仁核引发的焦虑通过本书第2部分中的干预措施能得到有效的缓解。

另外，如果你的焦虑是从大脑皮层开始的，更有效的方法是改变你的想法和心理图像，以减少由此产生的杏仁核激活。在本书的第3部分中你会了解如何做到这一点。减少大脑皮层激活杏仁核的次数可以减轻你的整体焦虑。

本章的其余部分由非正式评估组成，这些评估将帮助你评估和描述你典型的焦虑反应，以帮助你确定焦虑源自何处。请注意，这些不是专业评估，它们只是帮助了解你的焦虑是杏仁核焦虑还是皮层焦虑。

大脑皮层焦虑

我们从处理由大脑皮层回路引发的焦虑开始。大脑皮层的某些类型的激活，通常以思维或图像的形式出现，最终会导致杏仁核应激反应，从而导致所有令人不愉快的症状的出现。大脑皮层的激活有很多种，但它们都有相同的潜在后果：将你置于经历焦虑的风险之中。下面的评估会让你更深入地了解一些最常见的由皮层回路引发的焦虑的方式。通常情况下，人们不会密切注意大脑皮层中出现的特定想法和图像，所以你必须变得更加警觉，时刻注意大脑皮层中发生的事情。通过学习识别不同类型的引发焦虑的大脑皮层活动，你可以在它们升级为全面焦虑之前对它们进行调整。我们将在本书的第3部分中解释如何做到这一点。

测试： 评估左半球焦虑

正如第3章所解释的，大脑皮层的左半球会产生恐惧，表现为对将要发生的事情感到担忧，并不断地寻找解决办法。有了这种类型的焦虑，人们倾向于沉思或强烈地关注某种情况，或觉得有必要反复讨论某种情况。

阅读下面的事例，并勾出自己出现的情况。

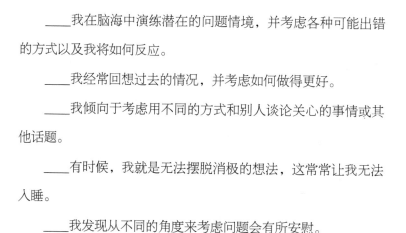

_____我在脑海中演练潜在的问题情境，并考虑各种可能出错的方式以及我将如何反应。

_____我经常回想过去的情况，并考虑如何做得更好。

_____我倾向于考虑用不同的方式和别人谈论关心的事情或其他话题。

_____有时候，我就是无法摆脱消极的想法，这常常让我无法入睡。

_____我发现从不同的角度来考虑问题会有所安慰。

_____当我以防万一为可能出现的困难找到解决方案时，我会感觉好多了。

_____我知道自己对困难想得太多，但那只是为了找到解决办法。

_____我很难使自己不去想那些让我焦虑的事情。

如果你存在几种以上情况的话，说明你可能花了太多的时间在思考这些让人痛苦的事情，而且过度的思考会加重焦虑的程度。虽然你的左半球可能正在寻找解决办法，但对潜在困难的强烈关注会激活杏仁核。你可能会错过许多无忧无虑的时刻，因为你在想那些可能永远不会发生的问题。

大脑左半球具有高度复杂和发达的能力，没有它，我们人类就不可能创造出我们生活的这个科技发达的世界。但是焦虑和过度思考并不能解决问题。在本书的第3部分中，我们将仔细研究左半球导致焦虑的各种方式。我们将帮助你识别导致焦虑的特定思维过程，如悲观主义、强迫性思维、完美主义、灾难化、内疚和羞耻，并解释如何改变这些思维过程。

测试：评估源自右半球的焦虑

大脑皮层的右半球允许你用想象力去想象那些实际上没有发生的事情，而想象痛苦的情景可以激活杏仁核。右半球专注于人类互动的非语言方面，比如面部表情、语调或肢体语言，可能会让你对这些信息过早下结论。例如，一个人过多的面部表情或手势很容易被认为是在表达愤怒或失望。

阅读下面的陈述，并勾出你经常经历的情况。

____我在脑海中想象潜在的问题情境，想象各种可能出错的方式，以及其他人将如何反应。

____我非常熟悉人们说话的语调。

____我几乎总是能想象出几种方式来说明某一种情况对我来说会变得多么糟糕。

____我倾向于想象人们批评或拒绝我的方式。

____我经常想象一些会让自己尴尬的情况。

____我有时眼前会出现可怕事件发生的画面。

____我依靠直觉去了解别人的感受和想法。

____我很注意人们的肢体语言，以便捕捉到细微的暗示。

如果你发现自己有很多上述的情况，那么你的焦虑可能会因为倾向于想象可怕的场景或依赖于对人们想法的直觉解释而增加，这些解释可能并不准确。这些发生在右半球的过程会使你的杏仁核做出反应，让你感到自己仿佛置身于一个危险的情境中。各种各样的策略，包括游戏、锻炼、冥想和想象，都可以有效地激活左半球，产生积极的情绪，并使右半球平静下来。我们将在第6、9、10和11章中讨论这些策略。

测试： 识别因解释造成的焦虑

在第3章中，我们讨论了对事件、情境和他人的反应是如何导致焦虑的。当这些情况发生时，一个人的大脑皮层会产生不必要的焦虑。焦虑不是由情境产生的，而是由大脑皮层解释情境的方式产生的。

为了确定你的大脑皮层是否有将中性情境转变为焦虑来源的倾向，你可以通读下面的清单，并勾出与你情况相符的内容。

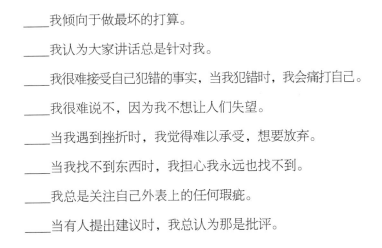

____我倾向于做最坏的打算。

____我认为大家讲话总是针对我。

____我很难接受自己犯错的事实，当我犯错时，我会痛打自己。

____我很难说不，因为我不想让人们失望。

____当我遇到挫折时，我觉得难以承受，想要放弃。

____当我找不到东西时，我担心我永远也找不到。

____我总是关注自己外表上的任何瑕疵。

____当有人提出建议时，我总认为那是批评。

如果你勾选了上面列表中的许多陈述，那么大脑皮层提供的解释可能是增加你焦虑的源头。许多人认为某些情况是他们焦虑的原因，但焦虑总是始于大脑，而不是环境。焦虑是人类的一种情绪，由大脑产生，而情绪是由大脑对情境的反应而产生的，而不是情境本身。人们对同一件事的反应不同，因为他们的解释不同。例如，在树林里看到狼可能会吓到露营者，但却会让动物学家着迷。人的大脑皮层如何解读事件，显然会对焦虑程度产生很大影响。在第10章和第11章，你将学习到如何抵制产生焦虑的解释。

测试：评估因预期造成的焦虑

当你在做预期时，你是在用大脑皮层思考或想象未来的事件。如果这些未来的事件有可能是消极的，预期会增加焦虑。左半球焦虑可能导致你对一些根本不可能发生的事情产生焦虑。即使事情真的发生了，你也可能在它发生之前很久就开始想它，或者担忧它。因此，你不是只经历一次事件，而是在它发生之前不断地经历它。

下面是一些反映预期倾向的陈述。阅读这份清单，看看你是否有这些经历。

____如果我知道潜在的冲突迫在眉睫，我会花很多时间去考虑。

____我认为人们可能会说些让我不高兴的话。

____我几乎总能想出几种对我不利的情况。

____当我知道可能会出问题时，它就会一直在我的脑海里。

____在事情发生前几个月，我就会担心得要命。

_____如果我要在一群人面前表演或演讲，我没办法不去想这件事。

_____如果有潜在的危险或疾病，我认为自己需要不断思考。

_____我经常浪费时间思考那些从未发生过的问题的解决方案。

如果你总是倾向于预见负面事件，你就会在生活中制造不必要的焦虑。记住，每个人在生活中都经历过困难，当没有消极的事情发生时，没有必要在大脑皮层经历这些事情。我们将在第11章中讨论改变你想法的策略。

测试：评估因强迫性思维引起的焦虑

当人们有强迫性思维（重复的，无法控制的想法或怀疑），并伴有强迫性冲动（行动或为减少焦虑而进行的仪式）时，其根源在于大脑皮层，并由杏仁核加剧。强迫性思维在很大程度上是额叶皮层的产物，它与眼窝前额皮层（眼睛后面的区域）回路的过度激活有关（Zurowski et al.，2012）。

仔细阅读下列反映强迫症的陈述，并勾选出与你情况相符的内容。

_____我花了很多心思来保持事物的秩序或正确地完成任务。

_____我总是忙于检查或安排事情，直到我相信它们是正确的。

_____我被一些无法逃脱的疑问所困扰。

_____我担心污染和细菌。

_____我发现自己有些令人无法接受的想法。

_____我担心冲动会影响我的行动。

_____我会被某个主意、怀疑或想法困住，无法自拔。

_____我有一些例行公事需要完成，以便让事情处于正轨。

如果你有许多上述的情况，那么你要考虑一下自己是否花了很多时间在那些让人陷入长期焦虑模式的想法或活动上，从而浪费了宝贵的时间。强迫性思维可以在没有强迫性行为的情况下发生，但是当一个人发现这些行为可以暂时缓解焦虑时，强迫性思维就会形成。不幸的是，即使这些强迫性行为从长远来看没有什么帮助，但它们也可以由杏仁核来维持，因为它们能暂时缓解随之而来的焦虑。因此，应对强迫症通常需要一种针对杏仁核和大脑皮层的方法。我们将在第3部分讨论应对额叶皮层引起的强迫症的方法，并在第8章解释对抗杏仁核引发的强迫症的方法。

杏仁核焦虑

现在我们将帮助你评估杏仁核引发焦虑的倾向。提醒一下，每当你感到焦虑或恐惧时，杏仁核就会参与其中。下面的评估将帮助你把注意力集中在杏仁核焦虑上。如果是杏仁核内的回路引发了你的焦虑，那么针对大脑皮层焦虑的策略将是徒劳的。在本书的第2部分中，我们将提供一些有助于控制杏仁核焦虑的技巧，包括放松策略、接触恐惧的物体或情境、参与体育活动以及改善睡眠模式。

为了确定杏仁核或大脑皮层是否启动了特定的焦虑反应，你需要考虑在你开始经历焦虑之前发生了什么。如果你总是出现特定的想法或图像，这表明你的焦虑始于大脑皮层。另外，如果你想到某个特定的物体、位置或情境立即引发焦虑反应，杏仁核更有可能是源头。

测试：　评估你无法解释的焦虑

当你的焦虑无法解释或突然出现却又找不到任何好的理由时，杏仁核可能就是原因。你可能会诚实地说："我只是不知道我为什么会有这种感觉，根本搞不清楚。"因为你的任何想法或当前的经历都不能证明这种感觉是正确的。正如我们所注意到的，杏仁核经常在你意识不到发生了什么的情况下做出反应，而它所产生的反应往往令人费解。

阅读下面的情形，这些情形反映了无法解释的焦虑，并勾选出你所经历过的情形。

____有时我的心无缘无故地狂跳。

____当我拜访别人的时候，即使一切都很好，我还是总想回家。

_____我常常感觉无法控制自己的情绪反应。

_____我无法解释自己在许多情况下的反应。

_____我突然感到一阵莫名的焦虑。

_____我只是觉得去某些地方不舒服，但我并不清楚为什么会有这种感觉。

_____我经常毫无预兆地感到惊恐。

_____我通常不能确定是什么引发了我的焦虑。

正如我们已经指出的，你可能无法调用杏仁核记忆。因此，当你的杏仁核有反应时，你可能不知道它是对什么做出反应，也不知道为什么。好消息是，即使你不知道，也有各种各样的应对策略来帮助你平静杏仁核，并重新连接它。

测试：评估你的快速生理反应

当杏仁核是你焦虑的来源时，你更有可能出现明显的生理变化，这是你焦虑的最初迹象之一。在有时间思考或者搞清状况之前，你可能会经历心跳加速、出汗和口干舌燥。因为杏仁核具有强大的神经联系，可以激活交感神经系统，激活肌肉，并将肾上腺素释放到血液中，因此，可以把生理症状作为焦虑的第一征兆。这是一个很好的指标，它表明你正在经历杏仁核焦虑。

阅读下列反映快速生理反应的情形，并勾选出你经历过的情形。

_____我发现即使没有明显的原因，我的心也在狂跳。

_____我可以在几秒钟内从感觉平静到完全惊恐。

_____我会突然感觉呼吸节奏不对。

_____有时我感到头晕目眩，仿佛要晕倒一样，而且这种感觉会突然出现。

_____我的胃不舒服，会马上觉得恶心。

_____我能感觉到自己的心脏，因为我的胸部疼痛或不适。

_____我并没有出力气却会流汗。

_____我不知道自己怎么了，毫无预兆地发抖。

如果你有上述很多情形，那么你的焦虑可能源于杏仁核的反应。当你经历这样的反应时，你可能会认为确实存在威胁。但是你的杏仁核可能会对一个并不明确的危险指标做出反应，所以记住，危险的感觉并不一定意味着存在实际威胁。你可以把这些生理反应当作一个指示，然后使用本书第2部分讲述的策略来应对。

测试：评估你突如其来的攻击性情绪或行为

攻击倾向是根植于战斗、逃跑或怵立反应中的战斗反应。面对冲突或威胁时，有些人想要逃避，有些人想要战斗。想要战斗的人更容易被激怒，并做出攻击。这种攻击性反应源于杏仁核的保护性，是创伤后应激障碍患者的特征。

仔细阅读下面的陈述，这些陈述反映了突如其来的攻击性情绪或行为，请勾出你经历过的情形。

_____我在某些情况下会突然爆发。

_____我经常需要干体力活来表达我的懊恼。

_____我大发脾气，后来意识到自己的反应太强烈了。

_____我会毫无预警地严厉指责别人。

_____我觉得自己会在压力很大的情况下伤害别人。

_____我不想出言不逊，但却没办法。

_____家人和朋友都觉得在我身边要小心翼翼的。

_____当我心烦意乱时会砸东西或扔东西。

如果你勾选了其中的几个陈述，就会发现它们反映出一种倾向，即焦虑攻击的倾向。你的杏仁核试图激活一种侵略性的反应，这种反应看似很有道理。不过，你还是可以控制自己的行为。有规律的体育锻炼可以帮助抑制这种反应，比如为了摆脱威胁而快步走可以帮助你缓解立即采取行动的冲动。

测试：评估你无法清晰思考的经历

当你发现自己不仅焦虑，而且无法集中或控制注意力时，这是一个强烈的杏仁核焦虑的迹象。当杏仁核介入时，它会接管大脑皮层对注意力的控制。当杏仁核控制大脑时，你会感到无法控制你的思想。记住，从演化的角度来看，杏仁核在发现危险时控制局面的能力帮助我们的远祖生存了下来。杏仁核一直保留了这种能力。但是，暂时失去决定关注或思考什么的能力，既令人不安，又令人沮丧。

仔细阅读下面的陈述，这些陈述反映了人们无法清晰思考的一些迹象，请勾选出符合你情况的陈述。

____我在压力下大脑一片空白，无法思考。

____当我焦虑时，我无法专注于自己要做的事情。

____当我紧张时，我很难集中注意力。

____当有人对我大喊大叫时，我无法做出回应。

____当我感到惊恐时，我通常很难集中精力去做我要做的事情。

____我很难从自己的情绪或身体反应中平复下来。

____当我感到害怕时，有时候我会对下一步该做什么一无所知。

____在考试期间，即使我准备充分却还是会经常不记得我学过什么。

如果你勾选了许多，那你可能经常发现自己在一些情况下无法清晰思考。杏仁核和大脑皮层之间的联系可以影响注意力的转移。有证据表明，高度焦虑的人，大脑皮层和杏仁核之间的联系往往较弱（Kim et al., 2011）。当杏仁核被激活时，以皮层为基础的应对焦虑的策略往往失效。本书第2部分讨论的一些策略对此也会很有帮助，如深呼吸或放松。

测试：评估你极端反应的经历

如果你的反应经常显得过于夸张，与眼前的情况不相称，你的杏仁核可能是这种极端反应模式的背后原因。它可能会接管并采取行动来保护你免受它察觉到的危险，但你会意识到在一个平静的时刻，不需要如此强烈的反应。最强烈的极端反应类型之一是惊恐发作（在第5章进一步讨论），当然还有其他类型。在所有的情况下，这些极端的反应都是在没有必要的时候由战斗、逃跑或怵立反应的激活引起的。记住，杏仁核处理事情的方式通常是"安全总比后悔好"，而且它被设定为迅速反应和强烈反应——即使它不完全确定可能存在威胁的细节。

阅读下面这些反映极端反应模式的陈述，并勾选出与你情况相符的情形。

_____有时我的焦虑十分强烈，我都担心自己要疯了。

_____我因为所经历的焦虑程度而感觉全身瘫痪。

_____别人会告诉我，他们认为我反应过激了。

_____我无法容忍某件事不合时宜或杂乱无章。

_____我有时会怀疑自己是心脏病发作或中风。

_____有时候我会发点小脾气之后大发雷霆。

_____像看到昆虫或脏盘子这样的小事情都会让我陷入极度惊恐中。

_____有时候，我周围的一切似乎都不真实，我害怕自己会失去理智。

如果你勾选了其中的几个陈述，那么你可能存在过度的杏仁核激活。正如我们在书中早些时候提到的，有些人的杏仁核比其他人的更活跃，甚至在生命的早期就有所体现。不幸的是，存在易反应性杏仁核的儿童学习应对杏仁核焦虑的策略，反而会强化过度反应或极端回避模式。但我们还是能让杏仁核学会做出不同的反应，改变永远都不嫌晚。

总　结

在本章的前半部分，你评估了自己是否是大脑皮层焦虑，并确定了特定的思维过程是否会导致焦虑；在后半部分，你评估了自己是否容易经历杏仁核焦虑：无法解释的焦虑、快速的生理反应、突如其来的攻击性情绪或行为、无法清晰思考以及极端的反应。既然你对焦虑的来源有了更好的了解——大脑皮层、杏仁核，或者两者都有——你就可以更仔细地观察每种类型的焦虑的本质，并学习到帮助最小化或控制特定焦虑反应的技巧。

2

控制杏仁核焦虑

第 5 章

应激反应与惊恐发作

在本书的这一部分，我们将关注杏仁核在产生焦虑反应中的作用，并更详细地研究杏仁核回路的影响。提醒一下，无论焦虑反应是从大脑皮层还是杏仁核开始的，杏仁核总是参与产生焦虑反应的过程。因此，理解杏仁核对任何焦虑的人都有好处。当杏仁核产生应激反应时，焦虑感就产生了。那么，我们从描述应激反应开始，了解这种反应以及它是如何被杏仁核控制的，这对于理解杏仁核对恐惧或焦虑的控制以及如何将自己从恐惧或焦虑中解放出来至关重要。

在第 1 章中，我们注意到杏仁核的某一区域，即中央核，可以引发战斗、逃跑或怵立反应，在瞬间导致身体发生大量无法控制的变化。我们在第 1 章和第 2 章也解释过，当中央核产生强烈的战斗、逃跑或怵立反应时，你运用大脑皮层思考和反应的能力通常是有限的。这就是为什么在战斗、逃跑或怵立反应发生之前，识别和理解这些反应，并学会如何恰当地做出反应至关重要。一旦你经历了焦虑，你运用大脑皮层处理焦虑的能力就会减弱。

应激反应

生理学家沃尔特·坎农（Walter Cannon，1929）首次发现了这种反应的战斗、逃跑或怵立模式。之后在20世纪30年代，内分泌学家汉斯·塞尔耶（Hans Selye）发现，动物和人类对一系列压力源的反应惊人地相似。例如，我们的瞳孔在明亮的光线下收缩，但在黑暗的时候扩大；我们在寒冷的时候发抖，但在炎热的时候出汗。塞尔耶在研究老鼠时发现，老鼠在各种压力环境下都会产生类似的身体反应（Sapolsky，1998）。例如，它们反复被注射，反复被扔在地板上，被扫帚追赶，等等。（塞尔耶早年是个相当笨拙的实验者！）然而，所有这些事件似乎都在老鼠身上产生了相同的生理反应。

塞尔耶发现在压力下的一系列程序化反应许多动物都有，包括鸟类、爬行动物和哺乳动物。人类常常喜欢认为自己比动物优越，但就程序反应而言，我们与其他脊椎动物非常相似，我们有类似的生理反应方式，即在危险的情况下快速反应。无论我们是被熊追赶，被邀请在晚会上跳舞，还是被解雇，我们的身体反应都与老鼠被扫帚追赶时的反应惊人地相似。

几十年后的今天，由于广泛的神经生理学研究，这种被塞尔耶称为"应激反应"的反应，可以追溯到杏仁核的中央核。应激反应会产生一系列可预测的生理变化，包括心率加快、血压升高、呼吸急促、瞳孔放大、血液流向四肢的突然增加、消化速度减慢和出汗增多。所有这些变化都是由交感神经系统的激活和应激激素（如皮质醇和肾上腺素）的释放引起的。战斗、逃跑或怵立反应是一种特殊的、急性的、强烈的应激反应。这些生理变化是我们与生俱来的，这意味着我们不需要学习它们。正如书的第1部分所讨论的，它们在躲避危险方面非常有用，我们的许多祖先可能就是通过这些快速和自动的反应而获救的，这些反应使他们能够逃脱捕食者的攻击或击退敌人。

现在，再加上杏仁核能够在不到一秒钟的时间内识别出危险的情况，而大脑的其他部分甚至还没有反应。像感知、思考和从大脑皮层中提取记忆这些大脑过程，可能需要超过一秒钟的时间。你可以看到，在大脑的其他部分完成对情况的处理之前，能够下意识地识别出一个情况是危险的还是安全的，并做出相应的反应非常重要。它可以救你的命！想想杰森吧，冬天，他和年幼的女儿过马路时，一辆迎面而来的汽车撞上了一块冰。它停不下来，危险地滑向他们。杰森不假思索地迅速抓住他的女儿，甚至在他意识到自己在这么做之前就跳了出去。

为了快速、自动地有效运作，应激反应不能建立在我们人类引以为豪的高层次思维过程的基础上。它的运行速度必须比皮层回路运行速度快，否则就太晚了！

测试：在焦虑反应中识别应激反应

当感到焦虑时，你会有以下哪些体验？通读一遍清单，看看是否有与你情况相符的情况。

____心跳加速

____呼吸急促

____胃痛

____腹泻

____肌肉紧张

____出现想逃跑或回避的欲望

____不断流汗

____难以集中精力

____四肢僵硬

____浑身发抖

以上所有的症状都可以追溯到塞尔耶发现的应激反应的激活。你可能想知道，为什么认识到这些症状与战斗、逃跑或怵立反应有关很重要。一个关键的原因是，它们可能会参与一个加剧焦虑的反馈回路。许多与焦虑作斗争的人错误地把这些反应理解为消极的事情正在发生或即将发生。当他们感觉到自己的心跳时，他们可能会错误地认为自己心脏病发作了。或者，他们可能相信这些感觉表明危险迫在眉睫。但实际上，他们所经历的情形是完全正常的。

应激反应对我们准备立即对紧急情况做出反应至关重要。不幸的是，在应对我们今天面临的威胁时，它并不总是有用。当你的老板告诉你要提高工作效率或要解雇你时，你出现心率加快、出汗和血液流向四肢这些症状并不会给你带来好处。如果你收到逾期的抵押贷款还款通知，或者十几岁的女儿开始和你争吵，上面提到的症状也没有帮助。但是这些生理反应是与生俱来的，所以一旦中央核激活了它们，你就必须与之对抗。

杏仁核的中央核的作用

杏仁核的中央核就像一个点火开关。一旦杏仁核的这一小部分接收到来自外侧核的危险信号，它就会激活应激反应，并通过向大脑的许多其他部分发送信息来做到这一点——这使得杏仁核在大脑过程中成为一个联系非常紧密的参与者。大脑中与之相连的最重要的部分之一是下丘脑。下丘脑是大脑中一个花生大小的区域，控制着各种身体过程，包括新陈代谢、饥饿和睡眠。

由于中央核与下丘脑相连，它可以启动肾上腺素的释放，肾上腺素是一种增加心率和血压的激素，而皮质醇则是一种促使葡萄糖释放到血液中以获取快速能量的激素。它还能激活交感神经系统，使各种生理系统发生迅速变化，使我们能够在没有意识或控制的情况下快速做出反应，反应的时间只需几毫秒。在大鼠和小鼠身上进行的许多研究都证明了它们具有相同的应激反应系统，这大大增加了我们对这些杏仁核过程的了解（LeDoux，1996）。

这项研究清晰地揭示了，当应激反应被激活时，杏仁核的信号可以影响和支配大脑各个层次的功能，约瑟夫·勒杜（Joseph LeDoux，2002，226）将其描述为"情绪对意识的敌意接管"。我们知道，当你最清晰的思维技能和个人洞察力从根本上被产生恐惧相关反应的远古大脑结构所阻碍时，你可能会感到沮丧。有时你的大脑皮层功能会完全被杏仁核取代。但是一旦你有了这些知识，你就可以使用它。关键是要认识到，一旦触发，许多基于皮层的应对策略，比如告诉自己不要害怕，或者没有理由感到焦虑，是无法阻止应激反应的。在这些时候，我们需要的是针对杏仁核的策略，本书第2部分的其余章节将详细解释这些方法。

当惊恐发作时

毫无疑问，应激反应中最令人不快的过度反应是惊恐发作。惊恐发作是许多焦虑症患者所面临的常见困难，其根源也在于中央核的激活。这些极度的焦虑不安、恐惧或愤怒，常常伴随着身体僵硬、心动过速、出汗、呼吸加快和颤抖。经历惊恐发作的人可能会有攻击别人的欲望（战斗），难以抑制的逃跑冲动（逃跑），或无法采取任何行动（怵立）。其他可能的症状包括交感神经系统反应，如头晕、恶心、麻木或刺痛、胸闷、窒息感、吞咽困难、潮热或发冷。此外，瞳孔扩大，使世界看起来异常明亮，时间也似乎过得更慢。

生活中很少有比惊恐发作更令人不快或难以忍受的经历了。事实上，惊恐症令人十分痛苦，以至于一些人担心自己正在失去控制，变得疯狂，或者即将死去。这些症状通常持续1到30分钟，也可能会重复发作，不仅可怕，而且会让人精疲力尽。

惊恐症通常发生在杏仁核对你甚至没有意识到的信号或诱因做出反应的时候。基本上，惊恐症是你的身体因为杏仁核不当的过度反应而进入战斗、逃跑或怵立反应，通常是对某种不会造成真正危险的诱因的反应。当然，如果真有危险，适当的身体反应会帮助你隐藏、逃跑，或战斗。

中央核可以在没有大脑皮层的参与下引发惊恐症，所以从这个角度看，惊恐症往往是突然发生的。惊恐发作有特定的触发因子，因此人们通常会在相同或相似的地方出现惊恐发作，比如在人群中、开车时、教堂里或商店里。虽然触发因子很难确定，但肯定有什么激活了杏仁核，引发了惊恐。

大多数人一生中会有一两次惊恐发作，对他们来说，这只是有点可怕和不便。反复经历惊恐发作的人往往被诊断为惊恐症。由于对惊恐发作的预期和害怕，人们开始避开过去曾发生过惊恐发作的地方，于是便产生了广场恐惧症——害怕出现在他们感到无法逃脱的场所。惊恐发作会让人感到身体极度虚弱，因此许多地方似乎都是不安全的。为了避免惊恐发作，患有广场恐惧症的人缩小了他们的世界，试图保护自己。如果这种恐惧症失控，人们可能会被限制在家里，甚至一个房间里。

惊恐发作的倾向至少部分是由遗传因素造成的，寻找相关的特定基因的研究已经开始（Maron，Hettema，and Shlik，2010）。所以，有些人是遗传了杏仁核以这种方式反应的倾向。此外，惊恐症也可以由重大的生活变化或压力引起，如毕业、工作变动、家庭成员死亡、结婚或离婚，以及其他过渡性事件。大多数经历过惊恐发作的人都是女性，但这一统计数字可能在一定程度上是因为男性对惊恐发作的报告过低。

有些惊恐症患者试图用不健康的方式来应对，比如喝酒或吸毒。但这些策略是有害的、不可取的，它们不会以一种有益的方式改变大脑的基本回路。但不要绝望！即使你遗传了一个容易发生惊恐症的反应性杏仁核，你也可以用杏仁核的语言来控制你的惊恐。

测试：评估你是否经历过惊恐发作

下面的清单可以帮助你确定自己是否患有惊恐症。如果你有许多以下这些反应，你很可能患上了惊恐症。你之前可能不知道这种经历其实是一种由中央核激活交感神经系统并触发肾上腺素释放而引起的极端反应。当你考虑以下症状时，你会清楚地看到交感神经系统的影响。

心跳加速

惊恐或恐惧的感觉

出汗

过度换气

头晕目眩

逃离的冲动

颤抖或战栗

恶心

麻木或刺痛

攻击的冲动

需要上厕所

发冷或发热

麻痹瘫痪的感觉

胸部发紧或不适

不真实的感觉

吞咽困难

害怕发疯

呼吸急促

帮助杏仁核度过惊恐

你是否想知道应对惊恐发作的最好方法是什么呢？如果你突

然惊恐发作，有三个杏仁核惊恐的应对策略能让你努力平静下来：深呼吸、肌肉放松和锻炼。它们不能立即停止你体内所有的活动，但会减轻你的不适，缩短惊恐发作的时间。

深呼吸：当惊恐发作时，最好的方法之一就是慢慢呼吸。惊恐发作的一些症状，如刺痛或头晕，直接与过度换气或呼吸过快有关。缓慢、充分的深呼吸，将胸腔和横膈膜向外伸展，是一个好的开始（横膈膜是胸腔和腹腔之间一层膜状的肌肉组织）。慢呼吸已被证明会降低杏仁核的活动。我们将在第6章详细讨论呼吸技巧。

肌肉放松：杏仁核对肌肉紧张有反应，紧张的肌肉似乎会增加杏仁核的活动。学习和努力练习放松肌肉的技巧可以帮助你缩短惊恐发作的时间，降低发生惊恐症的可能性。我们也将在第6章更详细地讨论肌肉放松技术。

锻炼：我们鼓励你在惊恐发作时进行锻炼。它将燃烧掉你体内多余的肾上腺素，有助于缩短惊恐发作的时间。记住，你的身体已经做好了战斗或逃跑的准备，所以体力活动正是你的身体所准备做的。在第9章，我们将更详细地讨论运动的好处。

最后一点也是极其重要的一点：当你感到惊恐时，一定要抵制强烈的逃避冲动。虽然这是一个非常可怕和不愉快的经历，但惊恐发作不会对你的身体造成伤害。从短期来看，逃跑可能会让你感觉好一些；但从长期来看，它会增强惊恐发作的力量，使其更难克服。如果可能的话，试着放松，深呼吸，并保持这种状态。虽然这说起来容易做起来难，但对控制你的杏仁核很重要，因为杏仁核会从经验中学习。如果你回避这种情况，你的杏仁核也将学会逃离这种情况，而不是学会接受这种情况是安全的。这一点怎么强调都不过分，我们将在第8章继续这一话题。

帮助大脑皮层克服惊恐

大脑皮层不能直接引起惊恐，它需要杏仁核和其他大脑组织来启动这个过程。但是大脑皮层会为惊恐发作创造条件，诱发惊恐发作，或者使惊恐发作的症状恶化。因此，以下应对策略可能会对大脑皮层诱发的惊恐有所帮助，尤其是在惊恐发作之前。

记住，惊恐只是一种感觉（尽管很强烈）：战斗、逃跑，或者怵立反应被激活时，大脑皮层对由此导致的身体症状的解释都可能会让焦虑失控。如果你认为这些症状意味着心脏病发作、失控，或者发疯，这只会加剧惊恐发作。你只需要意识到自己正在经历惊恐发作，不要相信大脑皮层对杏仁核症状的误解，这会帮助你更快地恢复。

不要把注意力集中在惊恐症上：避免惊恐发作的最好方法之一就是停止担心惊恐发作。被惊恐占据，不断地预测是否、何时、何地可能会发生惊恐发作，反而会加大惊恐发作的可能性。因此，重要的是不要让你的大脑皮层过多地考虑惊恐，甚至是惊恐的症状。当你感到焦虑时，把注意力集中在身体的感觉上，比如手心出汗或心跳加速，可能会引发进一步的焦虑，进而引发惊恐。

分散注意力：分散注意力是另一个应对皮层情绪好的方法，可以用来对抗惊恐症。因为大脑皮层越关注惊恐症状，惊恐发作就会变得越严重，所以试着想想别的事情，任何事情都行。在第11章中，我们将提供更多关于分散注意力的指导。

不要在意别人的想法：常出现惊恐症状的人总以为每个人都在关注他们，或者担心自己当众出丑。如果你感到惊恐，试着不要让你的大脑皮层猜测别人可能在想什么。其他人可能不知道你在经历什么，或者根本不在乎。担心别人的想法只会在你已经有了最不舒服的应激反应时制造额外的压力。

尽管上述策略可能有助于预防惊恐发作，但是真正的惊恐发作开始时，这些方法的效果是有限的。在一场全面的惊恐发作中，你可能会因为过于焦虑而无法清晰地思考，因为杏仁核正在控制你的大脑皮层，并屏蔽了它的影响。在这种时候，唯一的解决办法就是慢慢呼吸，试着放松，在你等待发作过去的时候分散你的注意力。好消息是，它总会过去。如果有其他人在场，他们最好的帮助方式就是提醒你深呼吸，放松你的肌肉，当你的肾上腺素激增时，肌肉自然会紧张和收紧。如果有人能帮助你使用放松策略，你可能会惊讶地发现，惊恐程度竟然下降得如此之快。

在任何情况下，你都不应该听从那些只会告诉你一切都是大脑在作祟，或者说你就应该克服它的人。其实惊恐症是由杏仁核的过度反应引起的，它是生理现实，人无法用自己的大脑皮层来说服自己摆脱它们。一旦中央核开始惊恐发作，你就得用到本章提到的应对策略，它们会帮助你度过惊恐。我们将在第6章和第9章更深入地讨论这些策略。这可能是一个非常不舒服的经历，但请记住，你没有处于危险之中，惊恐实际上并没有给你带来任何伤害。

摆脱怵立反应：重新训练杏仁核以抵抗回避倾向

如果你的杏仁核似乎天生就会产生怵立反应，而不是更积极的战斗或逃跑反应，那么你就越可能变得更内向、更具有回避倾向。恐惧可能导致严重的后果，包括之前提到的广场恐惧症，它会严重限制你的生活。为了尽量减少这种倾向，有必要采取主动而非被动的反应。

研究（LeDoux and Gorman，2001）表明，避免激活导致怵立反应的回路是可能的，这个回路由杏仁核的中央核和位于大脑后部、脊柱顶部的脑干构成。这样做需要转移杏仁核外侧核的信息流，把它传递到杏仁核的基底核，从而促进积极的反应。

这需要使用积极的应对策略（LeDoux and Gorman，2001）。当你感到陷入怵立的困境时，积极应对策略可以改变杏仁核回路，避免被动反应。这需要你从一开始就做点事情，做什么都可以，这很重要。你也许觉得自己无法完成复杂或高要求的任务，但千万不要让自己像受惊的兔子一样僵住不动，因为这样反而会强化被动反应。找一些你可以做的积极的事情，即使只是打电话。事实上，社交活动，包括与他人愉快的互动，或参与简单快乐的活动都能分散忧虑，阻止杏仁核产生以怵立、回避和攻击为特征的反应。

想想帕特里夏吧，她经常因为太过惊恐而不敢去上班，很多早晨她都待在家里躺在床上一动不动。因为不能去上班，她认为自己做任何有趣的事情都不对。但当她开始活跃起来，打电话给朋友或家人，或者做一些简单有趣的事情，比如玩拼图游戏，她发现自己可以正常去上班了，尽管有时会迟到。她这样做正在将杏仁核转换到更积极的反应中，这使得她不太可能在接下来的一天中做出回避行为。

总　结

你已经了解了应激反应的性质和目的，以及它最激烈的战斗、逃跑，或怵立反应。希望你不要将其解释为身体上或者外部实际存在的危险。虽然这种反应在本质上是令人痛苦的，特别当它以惊恐发作这样最极端的形式出现时，但你现在有了新的方式来思考和应对它，也知道积极的回应对于克服逃避倾向的必要性。无论你的杏仁核是倾向于使用攻击性反应（战斗）、逃避性反应（逃跑），还是被动反应（怵立），你都可以教它选择。换言之，杏仁核可以被训练成以更有益的方式做出反应。在接下来的章节，你将学习如何使用各种各样的策略，包括放松（第6章），暴露（第8章）和锻炼（第9章），以新的方式帮助你的杏仁核来做出回应，从而让你能对自己的生活更有掌控力。

第6章
享受放松的好处

　　无论是在日常生活中，还是在积极练习第7章和第8章介绍的策略和技巧时，我们相信你会发现放松练习在减少焦虑方面非常有价值。当你感到焦虑时，其他人可能会告诉你不要担心，一切都会好起来，或者你没有理由感到焦虑，以此来让你感觉好一些。你可以对自己尝试同样的策略。这种方法的问题在于，当你试图用思维过程和逻辑来处理焦虑情绪时，你依赖于大脑皮层。大脑皮层本身并不能减少应激反应，主要有两个原因。首先，正如我们所注意到的，大脑皮层与杏仁核没有多少直接联系。其次，应激反应的始作俑者是杏仁核。因此，针对杏仁核的干预措施在缓解焦虑方面更为直接有效。

　　通过激活交感神经系统（SNS），刺激肾上腺素和皮质醇的释放，中央核可以立即增加心率和血压，让血液流向四肢，减缓消化过程。以简为例，由于她不得不发表演讲，她发现自己在发抖，心怦怦直跳，并感到反胃恶心。这些自发激活的过程，无论是被描述为焦虑、应激反应，还是战斗、逃跑或怵立反应，都是大脑活动的结果，而这些活动并不存在于意识之中。

然而，缺乏意识并不意味着我们完全缺乏对这些过程的控制。例如，虽然我们在大多数时候并没有有意识地控制自己的呼吸速度，但如果我们选择这样做，我们就可以改变它。已经开发的多种激活副交感神经系统（PNS）的技术，逆转了中枢核通过激活交感神经系统而产生的许多影响。正如第1章所提到的，虽然激活交感神经系统会产生战斗、逃跑或怵立反应，但副交感神经系统会促进"休息和消化"。它能减慢心率，增加胃液和胰岛素的分泌，以及肠道的活动。

当人们放松时，副交感神经系统更容易被激活。这就是为什么医学专业人士经常鼓励焦虑的病人参加活动，以加强副交感神经系统激活的趋势，并减少交感神经系统的激活。放松训练是促进副交感神经系统激活的主要方法之一。许多研究表明，促进放松的技巧，如呼吸练习和冥想，可以减少杏仁核的激活（Jerath et al.，2012）。当你减少杏仁核的激活，你就减少了交感神经系统的反应。通过练习，副交感神经系统是可以被激活的。

放松训练

放松训练自20世纪30年代以来就得到了正式认可，当时内科医生和精神病学家埃德蒙·雅各布森（Edmund Jacobson，1938）开发了一种称为渐进式肌肉放松的过程。最近的神经影像学研究发现，当人们进行各种放松练习时，大脑会发生实际变化，包括冥想（Desbordes et al.，2012）、唱歌（Kalyani et al.，2011）、瑜伽（Froeliger et al.，2012）和呼吸练习（Goldin and Gross，2010）。这些研究发现，其中许多方法几乎可以立即减少杏仁核的活动，这对那些正与焦虑抗争的人来说是个好消息。在本章中，我们将介绍几种这样的技巧，并鼓励你尝试这些技巧，从而发现哪种最适合你，或者你更喜欢哪种。无论选择哪一种长期练习，你都可以直接影响杏仁核，这是被科学研究证明了的。

大多数放松的方法都关注两个物理过程：呼吸和肌肉放松。每个人对不同的放松策略有不同的反应，但实际上每个人都会从放松训练中受益。放松是一种非常灵活的方法，可以在很多情况下使用，它有很多有益的效果，尤其是在短期内，放松策略的效果往往是显而易见的。放松也是减少压力和焦虑的更复杂方法的一个组成部分，比如冥想和瑜伽。

以调整呼吸为中心的策略

如果现在花点时间来进行呼吸放松，你就可以体验一下放松的效果。深吸一口气，当你深而缓慢地吸气时，一定要扩张你的肺部。不要屏住呼吸，让自己自然地呼气。练习几分钟后，有些人就会感到焦虑减轻。仅仅改变你的呼吸，采用缓慢的深呼吸节奏就可以舒缓和缓解压力。

当人们遇到压力时，往往会屏住呼吸或浅呼吸，却没有意识到自己在这么做。几种特定的呼吸技巧可以帮助你有意识地加深你的呼吸，降低你的心率，以对抗交感神经系统激活的影响。下面是一些特别有效的方法。

练习：缓慢的深呼吸

第一个技巧基本上和我们上面描述的一样：缓慢的深呼吸。现在就练习一下深呼吸几次。慢慢地、深深地吸气，然后完全呼气。不要强迫你的呼吸；而是轻轻地吸气和呼气。不管你是用嘴呼吸还是用鼻子呼吸，只要用一种舒服的方式呼吸就可以了。它有镇静作用吗？

不是每个人都觉得缓慢的深呼吸能让人平静下来。增加对呼吸的关注会增加一些人的焦虑，尤其是那些患有哮喘或有其他呼吸困难的人。在这种情况下，人们可能会从专注于减少肌肉紧张、使用音乐或运动的放松策略中获得更大的好处。也就是说，大多数人都惊讶于简单的呼吸练习能立即有效地减少焦虑和增加平静。许多学生发现这种方法在考试前和考试中都很有用。紧张的司机在路上会用到它，而那些有幽闭恐惧症的人在封闭的空间里会发现它很有用。此外，它是如此容易，你可以随时随地练习慢速深呼吸！

对抗过度换气的呼吸技术

当人们感到焦虑时，他们很可能呼吸短而急促，因此得不到足够的氧气，这会产生一种不舒服的感觉。过度换气也能导致相似的感觉。由于二氧化碳排出过快，导致血液中的二氧化碳水平过低，从而会导致头晕、打嗝，产生不真实感或迷惑，感觉手、脚和脸刺痛。

过度换气会破坏体内氧气和二氧化碳的平衡，而杏仁核会立即察觉到这一点。通过有意识的呼吸技术来纠正这种不平衡会向杏仁核发出放松的信号。想想托妮，她认为头晕和刺痛的感觉只是她焦虑的一部分。当她得知这是由于换气过度后，她发现只要注意自己的呼吸就能减轻这些症状。

人们会告诉过度换气的人要有意放慢他们的呼吸，或者用纸袋呼吸。当二氧化碳呼出时，袋子会将其装起来；因此，从袋子中吸气时会增加吸入的二氧化碳量。这是逆转头晕和其他焦虑症状的一种非常有效的方法。

横膈膜呼吸

在此我们推荐一种特殊的呼吸方法，称为横膈膜呼吸或腹式呼吸，因为它在激活副交感神经系统方面特别有效（Bourne，Brownstein，and Garano，2004）。这种呼吸方式有助于身体的放松，吸气量比胸式呼吸多。横膈膜的运动对肝脏、胃甚至心脏都有按摩作用，人们认为它对许多内脏器官都有好处。

练习：横膈膜呼吸

练习横膈膜呼吸时，要舒服地坐着，一只手放在胸前，另一只手放在腹部。深呼吸，看看你身体的哪个部位在膨胀。有效的横膈膜呼吸会使你的胃在吸气时膨胀，呼气时收缩。你的胸部不应该动太多。试着把注意力集中在深呼吸上，当你的肺部充满空气时，你的胃就会膨胀。许多人在吸气时倾向于收腹，这使得横膈膜不能有效地向下扩张。

通过有规律的练习来改变呼吸模式

健康的呼吸技巧可以通过练习成为第二天性。注意你的呼吸方式和模式，有意识地调整它。每天至少练习三次，每次五分钟，可以提高你对自己呼吸习惯的意识，可以训练你以更健康、更有效的方式呼吸。

同时，还要留意你屏住呼吸、浅呼吸或过度呼吸的次数，然后有意识地采取一种更好的呼吸模式。呼吸是一种你可以控制的基本身体反应，在这个过程中，你可以减少杏仁核的激活及其影响。通过练习，你会发现健康的呼吸是有益的，它可以减轻许多焦虑的症状。

以放松肌肉为中心的策略

大多数放松训练项目的第二个组成部分是肌肉放松，它也能对抗以杏仁核为基础的交感神经系统的激活。交感神经系统会增加肌肉张力，因为交感神经系统中的纤维会激活肌肉以做好反应的准备。这种肌肉紧张是自然的神经生理反应，经常会导致肌肉的僵硬和疼痛。幸运的是，就像呼吸一样，如果有意识地注意，人们可以改变自己的肌肉紧张。此外，放松肌肉可以促进副交感神经系统的反应。

人们往往完全没有意识到，肌肉紧张是由杏仁核焦虑造成的。如果留意，你会发现自己经常无缘无故地咬紧牙关或收紧腹肌。身体的某些部位似乎很容易肌肉紧张，包括下巴、前额、肩膀、背部和颈部。持续的肌肉紧张会消耗能量，让人们在一天结束时感到紧张和疲惫。减少肌肉紧张的第一步是发现哪些身体部位在焦虑时容易紧张。这就是我们下一个练习的目标。

练习：制作一张肌肉紧张的清单

现在，检查你的下巴、舌头和嘴唇，看看它们是放松的还是紧张的。考虑一下肌肉紧张是否会使你的前额紧张。确定你的肩膀是松弛、低垂和放松的，还是高耸贴近你的耳朵。有些人胃部紧张，好像他们随时会被打；还有些人紧张时握紧拳头或抓紧脚趾。你可以做个简明的清单，看看你此时什么地方保持着紧张。

一旦你知道你身体的哪些部位容易受到肌肉紧张的影响，你就可以学习放松这些部位。你会发现体验肌肉的紧张和放松是有益的。下一个练习将帮助你探索这个问题。

练习：探索紧张与放松

肌肉紧张通常指的是一种肌肉僵硬或紧绷的感觉。相反，肌肉放松通常是指一种肌肉松弛和下垂的感觉。为了帮助你体验肌肉紧张和放松的感觉，用一只手握紧拳头，数到十，然后放松下来，轻轻地放在膝盖上，你能体会到紧张和放松的不同吗？你还可以将这只手的感觉与另一只手进行比较，看看是否感觉更放松。通常，肌肉的张弛会产生一种放松的感觉。

练习：渐进式肌肉放松

最热门的肌肉放松技术之一是渐进式肌肉放松（Jacobson，1938），它涉及一次只专注于一个肌肉群。一组肌肉经过短暂的紧张和放松练习后再切换到下一组肌肉，直到完成所有肌肉的放松。一开始，你可能要花30分钟来完成整个练习。熟练后，所花的时间会更少。只要努力练习，最终你可能会在不到五分钟的时间内达到一个令人满意的放松水平。

我们建议你最好是坐在一把结实的椅子上做这个练习。首先把注意力集中在呼吸上，花点时间练习缓慢的深呼吸和横膈膜呼吸。如果能把呼吸速度放慢到每分钟五到六次，它会促进放松。你可能会发现，当呼吸时，想"放松"或"平静"这样的词会有所帮助。或许你可能更喜欢用图像来增强放松感，那么你可以想象每次呼气都是在释放压力，每次吸气都在吸入干净的空气。想象压力有颜色（可能是黑色或红色），你把它呼出来，让自己充满没有压力、没有颜色的空气。

下面将开始关注特定的肌肉群。你自始至终都要注意保持缓慢而深沉的呼吸。

首先，把你的双手握紧，攥紧拳头，使手部肌肉紧张。几秒钟后，松开拳头，试着完全放松每个手指。把你的手放在膝盖上，感受重力把它们往下拉。你可能需要稍微活动手指来放松它们。

接下来，把注意力集中在前臂上，再次握紧拳头制造紧张感，同时收紧前臂肌肉，短暂地制造前臂肌肉紧张感。几秒钟后，把手放在膝盖上，让双手和前臂的肌肉完全放松。专注于释放前臂的紧张感，感受放松时肌肉往下沉的感觉。

下一步是将注意力移到上臂来，将手和前臂靠近上臂，拉紧肱二头肌。然后完全放松，让你的手臂垂在身体两侧，感受你放松的手和手臂的重量有助于释放残存的紧张感。

现在把注意力集中在你的脚上，通过弯曲你的脚趾来拉紧它们。几秒钟后，通过摆动或伸展脚趾来释放紧张感。继续用同样的方法锻炼你的腿，脚跟着地，绷紧大腿，然后放松，集中注意力在放松的感觉上，之后绷紧臀部并放松它。

紧接着来锻炼你前额的肌肉，通过皱眉来拉紧然后放松肌肉，提起眉毛，然后将其放松到一个舒适的位置。接下来，转动下巴、舌头和嘴唇，紧咬牙齿，放松嘴巴，让它稍微张开，从而放松嘴唇和舌头。此时，你可以趁机检查自己的呼吸是否仍然缓慢和深沉。

下一步是把头向后仰，拉伸脖子。放松时，将头轻轻地向一侧倾斜，再向另一侧倾斜，然后将下巴轻轻地靠近胸部。接下来，将肩膀向上提向耳侧，拉紧肩膀，然后完全放松，利用手臂和手的重量让肩膀下垂。最后，将注意力转向躯干，收紧腹部的肌肉，就像要承受打击一样。然后完全放松，让腹部肌肉变得柔软松弛。

花点时间体会全身深度放松的感觉，然后轻轻地舒展筋骨，然后重新开始其他活动。

我们建议你每天练习渐进式肌肉放松，最好每天不少于两次，直到把放松的时间减少到大约十分钟。通过练习，大部分肌肉群无需先紧张就可以放松下来，只有那些特别容易受压力紧张影响的顽固肌肉群还需要遵循先紧后松的练习方式。在练习时有些人可能会遇到一些情况。例如，有的人咬紧牙关后无法放松，有的人发现自己总是无法放松肩膀。这时你需要对练习进行调整，以适应自己的具体情况。

制定自己肌肉放松的策略

你可以尝试各种方法来放松肌肉，从中选择对你最有效的方法。毕竟人最了解自己。在尝试不同的方法时，切记任何技巧一开始都需要更多的练习。

如果你有受伤或慢性疼痛的情况，紧绷肌肉可能会适得其反。因此，你在按照上面的步骤进行肌肉放松时，可以省略绷紧肌肉的步骤，把注意力依次转移到每一个肌肉群上，试着让那一组的肌肉完全放松。实际上，一旦熟练掌握了肌肉放松的技巧，无需紧绷肌肉的步骤，你一样可以得到完全放松，这样更快也更有效。为了减少杏仁核和交感神经系统的激活以产生副交感神经系统反应，最有效的方法是将呼吸练习与肌肉放松结合起来。

意　象

使用图像或想象也是一种有益的放松策略。有些人可以通过设想自己身处一个想象的环境中而有效地达到一种放松的状态。如果你也可以，你会发现想象自己置身于一片海滩或一块宁静的林间空地，有时可以获得比肌肉放松更令人满意的放松状态。无论使用什么方法，最重要的目标都是深呼吸和放松肌肉，这是减少杏仁核激活的关键。事实上，不管是呼吸放松、肌肉放松，还是意象放松，只要使用得当，都可以让自己达到完全放松的状态。

练习：评估使用意象的能力

请阅读下面的文字，然后闭上眼睛，展开想象。

想象一下你身处温暖的海滩，感受着阳光温暖你的皮肤，凉爽的微风从水面吹来。你听到海浪拍岸的声音，听到远处的鸟鸣。你让自己放松下来，并享受这一刻。

你能想象自己在所描述的环境中有多好吗？如果你很容易产生身临其境的感觉，并且你觉得它令人愉快和吸引你，我们强烈建议你使用意象作为放松策略之一。相比其他方法，它可以更有效地达到放松状态。另一方面，如果你发现用这种方法很难放松，并且你无法集中注意力，那么可能其他的策略对你更有帮助。

练习：意象放松

当用意象来放松时，你会把自己带到想象中的一个地方。当你的精神旅行到另一个场景时，开始放慢呼吸，放松身体。接下来我们将提供一个海滩场景的导语，让你对整个意象放松过程有一个大致的了解，不过你可以选择自己喜欢的任何地方。关键是闭上眼睛，让自己认真地体验这个特殊的地方。当你想象自己在这个特别放松的环境中时，试着调用所有的感觉（视觉、听觉、嗅觉、触觉，甚至味觉）。你可以让别人给你读这个导语，这样你就可以闭上眼睛集中注意力了。

想象你走在去沙滩的小路上，两边树丛林立，林荫遮蔽着你。脚下，你感觉到沙子开始进入你的鞋子；头上，你听到树叶在风中轻轻地摆动；前方，你听到温柔的海浪冲上沙滩的声音。

继续前行，离开树荫，走到阳光明媚的沙滩上。太阳温暖着你的头和肩膀，你静静地站在那里感受周围的环境。天空是一片美丽的蓝色，淡淡的白云似乎一动不动地悬在空中。当你的脚陷入沙子中，你脱下鞋子，感受温暖的沙子。手里提着鞋，你向大海走去。海浪有节奏地冲刷海岸的声音具有催眠的效果。你深深地呼吸着，与海浪同步。

水是深蓝色的，在远处的地平线上，你可以看到一条深蓝色的线，那里的水与浅蓝色的天空相遇。在远处，你可以看到两艘帆船，一艘是白色的，一艘是红色的，它们好像在追逐比赛。你的鼻子闻到一阵浮木潮湿的气味，循着气味，你看到附近有一些浮木。你把你的鞋子放在一个光滑且已经风化的原木上，朝着海浪走去。

海鸥掠过头顶，你听到它们在微风中掠着波浪飞翔时兴奋的叫声。你感觉微风拂过皮肤，闻到它的清香。当你向海浪走去时，太阳光反射在水面上。你走在潮湿的沙滩上，留下一串串脚印。一个浪头从你的脚上掠过，一开始居然很凉。

海浪冲刷着你的脚踝，你静静地站着，听海浪不停地拍打海岸的声音和海鸥的叫声，你感觉到风轻轻吹起了你的头发。你慢慢地深呼吸这凉爽又干净的空气……

我们建议你慢慢地结束每一个意象场景，从 10 到 1 缓慢倒数。有数字的引导，你会逐渐意识到你周围的真实环境。当数到 1 时，睁开眼睛，你会以一种精神焕发和放松的状态回到现实之中。

通过想象，你可以每天去旅行，一切只受限于你的想象力，这个方法可以在几分钟内减少交感神经系统的激活。你可以自主选择想要探索的地方，去感受宁静和舒适。在练习的时候，记住如果你能放松肌肉，减缓和加深呼吸，那么意象放松是减少杏仁核激活最有效的方法。

冥　想

各种冥想练习，包括目前最流行的正念，都已经被证实可以减少杏仁核激活（Goldin and Gross，2010）。所有形式的冥想都需要集中注意力，可以集中在呼吸上，也可以集中在一个特定的物体或思想上。对冥想练习的广泛研究表明，冥想练习会影响大脑皮层和杏仁核的各种过程（Davidson and Begley，2012）。这是一种可以针对大脑皮层的放松策略，我们将在第 11 章“如何让大脑皮层平静下来”中更详细地解释冥想，尤其是正念。同时，冥想也可以让杏仁核平静下来，特别是当注意力的焦点是呼吸时。

如果你对冥想有经验或者感兴趣，我们鼓励你继续这种练习。研究表明，定期冥想可以减少各种与压力有关的问题，包括高血压、焦虑、惊恐和失眠（Walsh and Shapiro，2006）。最重要的是，对于那些与焦虑作斗争的人来说，研究证明冥想对杏仁核有直接和即时的镇静作用，既能对杏仁核产生短期的影响，也能产生长期的影响，在各种情况下减少杏仁核的激活，并增加副交感神经系统的激活（Jerath et al.，2012）。很明显，这是一种有效的放松策略，我们与很多人交谈过，他们发现每天早上都练习冥想可以减少他们的整体焦虑，帮助他们为新的一天做好准备。

专注于呼吸的冥想

冥想方法有许多，其中就包括专注于呼吸的冥想，它是指冥想者专注于呼吸的体验或以某种方式改变呼吸。研究表明，这些以呼吸为中心的练习可以有效降低杏仁核的反应性。在一项研究（Goldin and Gross，2010）中，社交焦虑症患者被分成两组，一组接受了以呼吸为中心的冥想训练，一组接受了分心技术训练。然后给他们陈述与焦虑相关的消极自我信念，比如"人们总是评判我"。那些专注于呼吸冥想的人对这些陈述的杏仁核激活较少。在另一项研究中（Desbordes et al.，2012），没有焦虑症的成年人被分成两组，一组接受了专注于呼吸的冥想训练，一组接受了专注于同理心的冥想训练。所有的人都经历了杏仁核活动的普遍和持久的减少，但那些接受专注于呼吸冥想训练的人则获得了更大的好处。

有效地使用冥想需要一些练习。在大多数研究中，人们在被评估冥想是否改变了他们的杏仁核功能之前至少接受了16个小时的训练，因此为了让训练效果最大化，你可能需要从治疗师或其他教练那里寻求专业的帮助。正念冥想的方法当下特别流行，有关的书籍也很多。

专注于呼吸和放松的冥想技巧似乎对改变杏仁核的反应最有效。一项研究（Jerath et al., 2012）发现人们在冥想后，呼吸速度会减慢，副交感神经系统激活增加。这些影响可能是其有效性的核心。下一个练习将帮助你通过专注于呼吸来享受减少杏仁核激活的好处。

练习：呼吸冥想

这种方法非常直接。如果你喜欢，可以闭上眼睛，把注意力集中在呼吸上，通过鼻子吸气和呼气，并留意空气通过鼻孔时的感觉。不要用力呼吸，只需长时间缓慢呼吸，感知鼻子和胸部的吸气和呼气感觉。享受呼吸的感觉。

注意进入鼻孔的空气和流出的空气之间的差别。注意空气使你的肺膨胀的方式。注意呼吸的不同阶段：当你吸气时，空气充满你的肺；当你呼气时，你的肺是空的。关注吸气的过程，注意吸气开始、中间和结束阶段感觉的不同。关注呼气的不同阶段，注意呼气开始，中间和结束阶段感觉的不同。

在冥想过程中，你的思想很可能会漂移不定。这是正常的。当这种情况发生时，把注意力放回呼吸。如果走神了50次，就回到你的呼吸50次。持续专注于呼吸大约五分钟，然后慢慢地，轻轻地走出冥想。

把放松融入日常生活

无论你选择什么样的方法，把放松融入日常生活是应对恐惧和焦虑的关键。在早上、晚上、工休时间，甚至在公共交通工具上或走路的时候都可以练习。每天至少安排三四次放松的机会。即使是5分钟的放松训练也能降低你的心率和肌肉张力。放松策略还可以帮助你预防或缓解惊恐发作。此外，经常练习放松可以帮助你减轻整体的压力。

像大多数与焦虑作斗争的人一样，你可能会发现，通常一天中的紧张情绪是逐渐形成的。这是因为中央核和交感神经系统需要让人保持这种紧张、警觉的状态。当中央核在白天激活交感神经系统时，可以通过放松激活副交感神经系统来持续地关闭它。就像用空调让家中凉快一样，你需要让杏仁核平静下来。本章中的技巧与空调、药物或心理治疗不同，它们的好处在于只需花很少的时间。如果你经常练习放松技巧，最终它们将成为第二天性，帮助你降低总体焦虑水平。

我们已经概述了许多有助于减少杏仁核激活的放松技巧。这些技巧中没有哪一种是最好的，适合你的才是最好的。另外，放松也需要因地制宜，一定要选择适合周边环境的放松策略。如果只能在躺下时达到肌肉放松，或者只能在完全安静时使用意象，那么周边的环境就很重要。当然，这也可能意味着你有时需要使用不同的技巧，或者你需要更多的练习。

总　结

有时你可能想让自己冷静下来，并尝试使用基于大脑皮层的策略让自己放松下来，我们希望本章能帮助你看到另一种方法的有用性。不要把注意力集中在你的思想上（大脑皮层的方法），你可以激活副交感神经系统直接应对杏仁核中央核启动的生理反应。副交感神经系统的激活可以帮你从应激反应中恢复过来，增加幸福感。呼吸减慢和肌肉放松会直接向杏仁核传递一个信息，即身体正在平静下来，这比所有的想法更有可能使杏仁核平静下来。

第7章
了解触发因子

在这一章中，我们将注意力从杏仁核的中央核转移到杏仁核的外侧核，后者从感官接收信息并形成情感记忆。外侧核是杏仁核的决策中枢，它决定了中央核是否应该对特定的视觉或声音做出反应。它通过扫描接收到的感觉信息，然后根据情感记忆来确定是否存在威胁，外侧核也会产生与焦虑相关的记忆，改变这些记忆对杏仁核的重新连接至关重要。为了与外侧核沟通并影响它产生的记忆，你需要对杏仁核的语言有一个清晰的理解。

使用杏仁核语言

在第2章中，你已经明白了杏仁核语言是基于联想的。具体地说，外侧核能认识到发生在同时段的事件之间的关联。我们会害怕与负面事件相关的触发因子，不管触发因子是否真的导致负面体验。当一个触发因子与一个负面事件配对时，杏仁核就会产生焦虑。回忆一下经历过性侵犯的林恩，尽管古龙水本身与侵犯无关，但当被侵犯者闻到古龙水的气味后，她产生了强烈的惊恐反应。

在杏仁核的语言中，触发因子和负面事件的配对是非常强大的。大脑皮层的思维过程，如逻辑和推理，在处理杏仁核的恐惧和焦虑时用处不大。因为你不懂杏仁核的语言，因此试图让自己摆脱焦虑并不是很有效。你需要学会专注于配对触发因子和负面事件，本章将帮助你学会如何配对。

处理杏仁核的情感记忆可能很困难，因为这些记忆的形成和唤醒是无意识的。各种各样的感官体验，甚至是看似不相关的暗示，在某种情况下可能几乎察觉不到的声音或气味等，都会造成焦虑。因此，学习识别触发因子是需要一些力气的，因为人本身可能没有意识到它们。

了解触发因子

触发因子是一种引发焦虑的刺激，如感觉、物体或事件。它最初是中性的，也就是说不会引起大多数人的恐惧或焦虑。从根本上而言，它与任何积极或消极的情绪记忆都无关，因此不会引起任何反应。

在第2章中，我们讨论了越战老兵唐，他的创伤后应激障碍是由一种特殊的肥皂味引起的。对唐来说，肥皂和负面事件有关，所以他对此有负面反应。不过对唐的妻子来说，肥皂是中性的，因为她的杏仁核没有产生任何情感记忆，因此肥皂不会在她体内引发任何反应。

对于大多数人而言，感觉、物体和事件通常都与积极或消极情绪无关。人群就是人群，电梯就是电梯，等等。当情感记忆形成时，这些事情才会触发焦虑、快乐，甚至感情这样的情绪，变成触发因子。

与负面事件相匹配的刺激之所以被称为触发因子，是由于这种关联性会引起或触发可怕的反应。当触发因子与负面事件匹配时，就会触发外侧核的反应。例如，在林恩的案例中，特定香水味在袭击事件发生前是中性的，并不是触发她焦虑和恐惧的因子。但当林恩被袭击时，她的杏仁核对袭击者身上的古龙水产生了情感记忆。这个过程如图6所示。

图6　触发因子是如何触发焦虑的

某个曾经的中性因子若与某个会引起情绪反应的负面事件匹配，便意味着这个事件会导致不安、忧虑和痛苦。如图6所示，负面事件会导致情绪反应，林恩被侵犯的经历显然是一个负面事件。

在图中，连接两个方框的线表示触发因子和负面事件之间的配对或关联。这是直观的表达。当触发因子与负面事件匹配后，负面事件随后即时发生。林恩在性侵犯发生前闻到了古龙水的味道，这就形成了关联，且这种关联对杏仁核有重要影响。

触发因子和负面事件之间的配对改变了触发因子引起的反应。现在它是触发一个习得的恐惧反应，而不是引起一个新的情绪反应。所以在林恩的案例中，由于古龙水和侵犯是关联的，现在古龙水会导致林恩的杏仁核产生恐惧反应。以前，古龙水是中性的。现在，它是引起恐惧的导火索。这种恐惧反应是在杏仁核外侧核学习到的，并作为一种情绪记忆储存起来。

用图解法识别触发因子

图6可用于识别触发因子。我们用另一个例子来演示它的工作原理。通常，汽车喇叭的声音不会引起强烈的惊恐反应。一个人若要对喇叭声做出负面情绪反应，那么喇叭声就必须与某一非常负面的事件匹配，比如交通事故。看看你能不能画出这种情况下的示意图。

在这个例子中，喇叭声和车祸的匹配会导致外侧核形成对汽车喇叭的情绪记忆。之后，每当听到汽车喇叭时，杏仁核就会产生恐惧反应。要记住的是，喇叭声并不是导致事故的原因，它只是与事故相关。杏仁核的语言是基于联想或关联，而不是因果关系。

触发因子有多种形式。它们可能是视觉、气味、声音或特定的情境。例如，在一个人发生车祸后，看到某个特定的十字路口，闻到燃烧的橡胶味，听到刹车声，甚至刹车的感觉，都会让人感到恐惧。事实上，在经历过一次创伤后，许多不同的触发因子（交叉口、烧焦的橡胶味、刹车声、汽车喇叭声，以及刹车的感觉）都会引起恐惧。每一个触发因子都能成为恐惧和焦虑的前奏。

　　图6旨在帮助你记住杏仁核的学习过程。你可以通过图中连接每个刺激与其反应的符号，来记住触发因子和负面事件之间的区别。从负面事件到情绪反应的粗箭头表示负面事件（如事故）和反应之间存在自动联系。相反，触发因子（如汽车喇叭声）和恐惧反应之间的联系是由外侧核把触发因子和负面事件匹配所产生或习得的。虚线表示恐惧反应是一种习得的反应，习得的东西可以改变。

用图解法理解杏仁核的语言

　　学会识别触发因子和负面事件之间的关联性对于理解杏仁核的语言及其在产生焦虑中的作用是非常有帮助的。触发因子和负面事件都是刺激因素，这意味着它们是你看到、听到、闻到、感到或正在经历的对象、事件或状况。触发因子不同于负面事件，因触发因子而产生的恐惧和焦虑是习得的，而对负面事件的反应不是。触发因子会激活情绪，即使你知道这些情绪不合逻辑，不想对其做出反应。

很多物体、声音或情境都会诱发习得性恐惧反应，只要它们能很快与强烈的负面事件相匹配。在过山车上感觉眩晕会让人害怕游乐园的游乐设施。不过另一方面，不同的人可能会在相同的体验中感到兴奋，并因此喜欢过山车。杏仁核外侧核识别并记忆这些联系，这就是决定我们随后反应的原因，这些情感记忆可以是非常强烈和持久的。

练习：绘制触发因子示意图

花点时间学习如何绘制触发因子、负面事件以及习得与自动反应的关系图，可以学习杏仁核的语言。了解这种语言能让你与杏仁核沟通。在大多数情况下，触发因子和负面事件是关系图中唯一需要确定的部分。你需要学会识别触发因子，并把它与负面事件区分开来。

杏仁核了解一切

应对焦虑反应最有力的工具是深入了解自己特殊的焦虑反应。为了有效地训练大脑以抵抗焦虑反应，了解自身的触发因子的特定知识必不可少。因此，必须密切关注与焦虑反应有关的情况和事件。这将有助于确定你是否需要通过暴露疗法来解除触发因子与负面事件的关联，我们将在下一章中解释这一强大的技术。

人们并不总是知道恐惧的确切诱因。正如你现在知道的，触发因子不一定是合乎逻辑的。然而，杏仁核对它们的反应非常灵敏。为了有效地减少焦虑反应，你需要找出引起焦虑的触发因子，然后使用第8章中的方法来改变杏仁核对它们的反应。

练习：识别触发因素

花一点时间考虑你所经历焦虑的情况。深入的思考可能会让你遇到很多状况，但不要气馁，要以大局为重。尽管检视这么多引起焦虑的情境会让你感到难以承受，但你会发现，很多情境中都隐藏着一些相同的触发因子。例如，触发你焦虑的不同工作情境中可能存在着相同的触发因子。它也许是你老板的出现、人们提高嗓门的声音，或者你需要当众发言。为了更好地识别诱因，包括在很多情况下很常见的诱因，你可以试着考虑尽可能多的，让你感到焦虑不安的情况。

在你识别让你感到焦虑的情境的同时，别忘了记住你当时的内在感觉。如果心跳加速、眩晕、想上厕所等感觉诱发了你的惊恐发作，就把它们记入触发因子清单，因为内在感觉也可以成为触发因子。

你可以在一张纸上创建一个四栏的表格：从左到右依次为"引起焦虑的情境"、"焦虑水平"、"频率"和"触发因子"。对于焦虑水平，使用1到100的强度进行评估，其中1表示强度最低，100表示强度最高。

下面举例说明如何使用这个表：当曼努埃尔使用它时，他先在第一栏列出了"引起焦虑的情境"，内容分别是向老板做年度总结、员工例会发言以及与妻子的争吵。在年度总结这行，他在对应的焦虑水平一栏填入：70；频率一栏填入：每年发生一次；触发因子一栏填入：必须填写考核表、老板关于会议安排的电子邮件提醒、到老板办公室见老板、与老板谈论自己表现、老板皱眉，以及老板生气时的语调。

在下一行中，他在第一栏列出了员工例会发言。他将其强度评定为95，这表明它们几乎无法忍受，并指出他必须每月发言一次。对于触发因子，他确定了会议发言时的口干舌燥，同事们看着他的眼神，他们对他的想法的批评，以及他们的面部表情。然后，当曼努埃尔开始在第三行写"与妻子的争吵"时，他意识到了在这些情境中触发因子的相同模式。他发现当面接受别人对自己和自己想法的评价是他许多焦虑的根源，消极的面部表情则是另一个反复出现的触发因子。

使用工作表来识别引起焦虑的特定触发因子非常重要。它们可能是你听到的声音、看到的场景、闻到的味道，也可能是你的想法或想象。记住，杏仁核并不总是以你能够体验到的详细方式来处理感觉，所以对触发因子的一般描述已经足够了。在创建列表之后，请注意特定的触发因子是否重复出现，在不同的情境中是否看到引发焦虑的相同模式。这将帮助你确定自己焦虑的触发因子。

有时一个特定的触发因子之所以能激发焦虑，原因是显而易见的。例如，看到电梯会让患有幽闭恐惧症的人产生明显的焦虑。有时触发因子和焦虑之间的联系的原因还不太清楚，就像越南老兵唐最终发现某种牌子肥皂的味道是一个触发因子一样。他的杏仁核明确地把肥皂味和危险的战斗联系在一起。虽然这不一定是一种逻辑关联，但你可以看到它是如何产生的。在一些案例中，特定触发因子引发焦虑的原因尚不清楚。幸运的是，没有必要确切知道触发因子是如何引起可怕的反应的。因为，即使不知道情感记忆产生的原因，也可以重新训练杏仁核。

　　当填写工作表并确定焦虑的特定触发因子时，你可能仅仅因为这一思考的过程而体验到明显的焦虑。如前所述，杏仁核对触发因子的反应具有泛化的特征。一旦某只狗的叫声引起恐惧，对其他狗的叫声也可能由于泛化而引起恐惧。这意味着，即使是一个类似狗吠的声音都可能会引起恐惧。也许最令人惊讶的是，仅仅想象狗的叫声就足以激活杏仁核。这是因为想象激活了声音的记忆，这种记忆会在杏仁核引起反应。

　　如果在回顾列出的情境时感到焦虑，不要担心。相反，我们可以利用情绪反应作为一个指标来帮助识别触发因子，从而了解是什么触发了杏仁核。如果经历痛苦，也千万不要气馁。事实上，用想象触发恐惧是激活新的神经连接并开始重新连接大脑的第一步。所以，如果你开始感到焦虑，告诉自己这只是在为改变大脑回路做预热。深呼吸，坚持下去！

当然，说起来容易做起来难。如果有需要，你可以和治疗师一起进行这一探索，他能支持和指导你完成整个过程。

该从哪儿着手？

我们将在下一章中指导你重新训练杏仁核对特定触发因子的反应。在此需要强调一下，消除所有的恐惧既不可能也没必要。消除所有的恐惧事实上并不是一个好主意。很多情况下，恐惧是合理的，比如在穿越繁忙的高速路或在暴风雨中打高尔夫球时产生的恐惧。如前所述，大多的恐惧并不会带来太大的问题。例如，对于可以轻易改变以飞行方式出行的旅客而言，飞行恐惧就不是多大的事儿。我们的目标是着手调整某些焦虑反应，这些焦虑反应会干扰你随心所欲掌控生活的能力。对于哪些情况和触发因子需要优先处理呢？三个考虑因素：它们对生活目标的干扰程度，造成痛苦的程度，以及出现的频率。你可以从中选择一个你最关注的因素优先入手。当然，你也可以选择两个或三个因素同时入手。

干扰生活目标的触发因子

在引言的最后部分我们要求你去考虑，如果没有焦虑的限制，你的生活会是什么样。重新审视自身的目标和希望是决定关注哪些触发因子的重要一步。我们强烈建议从那些发生频率最高，或严重影响你完成日常目标能力的情况开始优先处理。哪些触发因子以及它们伴随的情感反应对你的干扰最严重或最频繁，让你无法过上自己想要的生活？

以贾斯敏为例，她回避任何涉及公开演讲的场合，直到她参加了一个护理项目，该项目要求她参加公开演讲课程。她很快意识到对公开演讲的焦虑会阻碍自己实现目标。这促使她寻求帮助来减少对公开演讲的恐惧，很快，她成功地改变了多年来伴随自己的恐惧。我们鼓励你专注于减少那些阻碍你实现目标的焦虑，目的在于让目标成为生活的动力，而不是焦虑。

引发极度痛苦的触发因子

第二个要考虑的因素是你在不同情况下的焦虑程度。这也是为什么要求你对紧张程度进行评估。如果某些情况会让你焦虑倍增，你可能想把注意力集中在这些情况中，因为它们会产生强烈的、可能会使人衰弱的压力。改变这种情况下的感受可能会给你最大的解脱。

例如，在阿富汗执行了两次任务后，韦奇对各种声音都有强烈的恐惧反应，包括直升机的声音、枪声和爆炸声。但爆炸声引起了他最强烈的恐惧，他认为此时的恐惧值超过了100。于他而言，焰火很可怕，因此7月4日独立纪念日和除夕夜对他来说就是噩梦。韦奇选择先集中精力克服他对爆炸声的强烈恐惧，这样他就能和家人一起享受假期了。

频繁出现的触发因子

另一个要纳入考量的是弄清楚让自己频繁产生焦虑的情境。由于这些情境严重影响你的生活，因此减少在这些情境中产生焦虑的频率可以大大提高生活的质量。例如，在居民区工作却害怕狗的快递员就可能想首先选择处理这种恐惧感，因为相关的触发因子在每个工作日都会出现多次。

总　结

如你所见，触发因子清单对于做出改变非常重要。你需要了解在什么情境中哪些触发因子激发了你的焦虑。其实你没有必要改变对所有触发因子的反应，你需要改变的是在那些阻碍个人目标和梦想的实现、带来极大痛苦或是最常遇到的情境中对触发因子的反应。一般而言，从能明显改善你生活的情境入手是最佳的选择。在下一章中，我们将展示如何重新连接杏仁核从而达到这一目的。

第8章

通过切身体验来训练杏仁核

在前一章中，我们讨论了杏仁核是如何学会使用恐惧或焦虑来应对某些触发因子的。这种反应模式形成后很难改变，也很难让杏仁核对触发因子不做出反应。不过即便不能轻易抹去杏仁核形成的情感记忆，也可以在杏仁核中发展出新的联系，与那些产生恐惧和焦虑的联系相互制衡。为了让杏仁核建立这些新的联系，就要将其暴露在新的情境中。在新的情境中，杏仁核产生的反应与旧的反应完全不同。如果向杏仁核展示与先前经历不一致的新信息，它会根据这些信息建立新的联系，并从新经验中学习。

让杏仁核接受新的信息，可以重新连接它以更好地控制焦虑。这就类似于在繁忙的高速公路上增加一条分流道。创建一条新的神经回路，并一次又一次地训练它，就如同建立了一条能避免麻烦的可替代路径，恐惧和焦虑不再是唯一的选择，你可以通过新的神经回路来绕过它们。

研究表明，杏仁核的新学习发生在外侧核（Phelps et al., 2004），因此，如果想训练杏仁核做出不同的反应，就需要向外侧核传递新的信息。在大脑内部，从皮层到杏仁核的连接相对较少，这些连接与外侧核或中央核没有直接的联系，而是将信息传递给夹层神经元。这是一组位于外侧核和中央核之间的神经细胞。尽管夹层神经元允许大脑皮层对正在进行的反应产生一些影响，但大脑皮层似乎与外侧核没有直接联系。

如果想减少杏仁核对大脑、情绪和行为的影响，就需要重新对它进行专门的训练。通过练习本章所述的暴露技术可以将新信息传达给外侧核，以建立新的神经回路，从而改变杏仁核对触发因子的焦虑反应。

虽然恐惧是天性，但我们的周围有很多人战胜了恐惧。例如，摩天大楼玻璃外墙的清洁工，滑水、骑马或跳交际舞的人，学习游泳和开车的人。他们都需要战胜恐惧。

将自己反复暴露在一个看似威胁的环境，却不发生任何负面事件，可以教会杏仁核这样的情形不需要恐惧反应。如果杏仁核在经历这样的环境后没有负面情绪产生，人就能克服恐惧。这就是暴露的力量。

以情境暴露为基础的治疗方式

在针对焦虑性困难，尤其是惊恐症、恐惧症和强迫症等的各种治疗方法中，情境暴露疗法的效果是最为显著的（Wolitzky-Taylor et al.，2008）。在这种方法中，人们会逐步或直接接触到他们害怕的情境或物体。在每次接触过程中，让焦虑程度上升，达到不舒服的程度，然后再开始消退。关键是让焦虑反应顺其自然，达到峰值后再降低，不要逃避。这样，杏仁核就开始将这种情境与安全性配对。

情境暴露疗法的力量在于给杏仁核新的体验，促使它建立新的联系。根据心理学家埃德娜·福亚和她的同事们对暴露进行的广泛研究，其有效性来自所提供的纠正信息（Foa，Huppert，and Cahill，2006）。暴露所提供的学习经验向杏仁核表明，先前引发恐惧和焦虑的触发因子是相当安全的。情境暴露疗法是一种非常有效的杏仁核语言表达方式。

系统脱敏法和满灌疗法是基于暴露治疗的两个例子。系统脱敏包括学习放松策略和以渐进的方式接近害怕的对象或情境。这通常发生在一个缓慢但稳定的过程中，随着治疗的进行，逐渐地处理引起越来越多焦虑的情况。相比之下，在满灌疗法的情况下，人们会陷入最令人恐惧的境地，而这种情况可能会持续数小时。满灌疗法是一种更为强烈的方式，但它也能更快地缓解焦虑。

无论哪种方法，在大多数情况下，人们最初都是想象自己处于恐惧的情境中，在心理上面对恐惧的情境。但最终，他们必须反复直接体验这种情境。显然，这是一种具有挑战性的治疗方式，但研究表明，这正是重新连接杏仁核所需的方法（Amano，Unal，and Paré，2010）。因此，练习暴露的次数越多，杏仁核就越有可能平静地应对先前害怕的情境和触发因子。

你可能会想，是渐进的系统脱敏法还是满灌疗法更有效呢？研究表明，与循序渐进的方法相比，密集、长时间地暴露在引发恐惧的触发因子下的满灌疗法更迅速、更有效（Cain，Blouin，and Barad，2003）。不过，相对于更强烈的满灌疗法，人们通常更愿意接受循序渐进的系统脱敏疗法。不论使用哪种方法，最终都能让杏仁核经历之前害怕的刺激而不产生任何负面结果。

　　因为暴露疗法非常有效，所以它们是减少焦虑最常用的方法之一。许多学会了应对焦虑的人自己或在专业人员的指导下进行过暴露疗法的治疗。如果你没有进行过暴露治疗，我们建议你找一位专业人士来指导你完成这一过程，因为有证据表明治疗师的支持是非常有帮助的。如果你已经接受过暴露治疗，我们希望这本书能帮助你理解为什么它是有效的。如果你尝试过暴露疗法，但没有效果或效果不持久，我们希望这本书能帮助你理解原因。如果您再试一次并遵循本章中概述的方法，我们相信它会有所帮助。

　　当然，根据定义，情境暴露疗法的过程并不容易，它会让人产生焦虑，因为涉及故意面对引发焦虑的情境。认识到这一过程是重新连接大脑所必需的一步将有助于你迎接挑战，并使你更能忍受所经历的压力。

　　激活与恐惧情境和物体相关的神经元的经历能最有效地与杏仁核对话。杏仁核不断地监测你的经历，并在神经元之间建立联系，表明它认为什么是安全的，什么是危险的。暴露疗法使杏仁核有机会建立新的联系，并通过反复练习巩固这些联系。

重新连接的基础：激活再生成！

杏仁核必须有特殊的经历才能重新连接。在暴露过程中体验视觉、声音和其他让你产生焦虑的刺激，从而激活特定的神经回路，这一回路中保存着你想要修改的情感记忆。激活这些回路创造了在不同神经元之间发展新连接的潜力，这些连接将改变杏仁核的反应。同时，你也激活了神经元来产生这些连接。在治疗的过程中，经历恐惧或焦虑正是为了战胜它。这正应了那句蕴含着智慧的老话："在哪儿跌倒就在哪儿爬起来。"

当人们自行应对焦虑或恐惧时，杏仁核通常得不到所需的学习经验来改变对恐惧情境的反应。实际上，焦虑反应常常会阻止有效的暴露。以一位害怕坐飞机的祖母为例，她收到的礼物是一张机票，准备去拜访远方的亲戚朋友。当她想到为旅行打包或抵达机场登机时却倍感焦虑，其实这创造了极好的暴露机会。但她并没有意识到此时的焦虑意味着她正处于重新连接大脑回路、改变杏仁核反应的最佳状态。相反，此时她对焦虑最自然的反应可能是尽量避免旅行。有人告诉她说坐飞机比开车安全，她也许明白，甚至可以跟自己讲道理。但她的杏仁核并不具有理性，它只是激活了已建立的连接，从而产生应激反应。

当面对可怕的情境时，这种不适有时会令人难以忍受，而逃避的欲望则是无法抗拒的。然而，如果那位祖母不去乘飞机，那么她就会错过一个暴露的机会和与家人共度时光的机会。回避产生焦虑的场景，只会维持焦虑，而这正是焦虑反应难以改变的原因。这样焦虑就会自我延续。

为了提醒自己为什么有必要体验焦虑，记住"激活再生成"。这是杏仁核学习所必需的。神经元的激活是暴露疗法有效性的基础。如果想产生新的连接，就必须激活存储着恐惧对象或情境的记忆的回路（Foa，Huppert，and Cahill，2006）。在暴露治疗中发生情绪唤醒和焦虑是激活正确回路的信号。事实上，有证据表明，在最初的暴露过程中，情绪唤醒水平较高的人从暴露疗法中获益最多（Cahill，Franklin，and Feeny，2006）。这也可以解释为什么满灌疗法比系统脱敏疗法更快、更有效。

动物研究和大脑成像表明，暴露，即在面对导致焦虑的物体，或身处导致焦虑的情境中没有产生负面结果，会让大脑的另一部分对杏仁核的反应施加某种控制（Barad and Saxena，2005；Delgado et al.，2008）。对人类的研究表明，在大脑中位于额叶，一个叫做腹内侧前额叶皮层的区域似乎也参与了其中（Delgado et al.，2008）。在暴露期间，杏仁核产生了学习的反应，这种学习的记忆由腹内侧前额叶皮层储存。虽然杏仁核原来习得的恐惧记忆并没有被抹去（Phelps，2009），但是新的回路生成了，新的、更平静的反应也被杏仁核学习到了。

虽然激活引起焦虑的回路是一个令人不适的经历，不过通过下面这个类比可以帮助你记住激活再生成是多么重要。当你沏茶的时候，滚烫的水比冷水更好。同样，神经回路需要被激活（或热起来）来建立新的连接。说到焦虑，如果想重新连接神经回路，就需要暴露在压力下。

通过绘制流程图来弄清楚暴露疗法

我们来说说被猫抓伤的不幸小男孩的情况。猫，一个中性的物体，成为一个触发因子，是与抓伤这样一个引起疼痛的负面事件相关联的。结果，猫引起了男孩的焦虑。后来，当男孩看到猫时就感到焦虑，从而根本不想和它玩。

如果我们想帮助他创造新的回路，改变他对猫的恐惧，就需要让他接触到友好的猫，以便重新训练他的杏仁核。当他在积极的环境下看到或触摸一只猫（抚摸它、享受它的柔软、被它的滑稽动作逗乐等）时，他的杏仁核就会受到刺激，从而建立与猫相关的新回路。在没有负面事件的情况下，孩子观察或与猫互动的次数越多，新的中性或积极的联系就越强，所经历的焦虑也就越少。反复接触友好的猫，孩子的杏仁核会绕过他的恐惧和焦虑。

当然，在暴露期间，孩子可能会感觉到并表达对猫的恐惧。但是想要重新连接神经元，这种暴露是激活所必需的。如果不给杏仁核一个与猫相关的新体验，就无法改变产生焦虑的外侧核回路。事实上，这是准备好接受新的学习的前提。

为了绘制创建新连接的流程图，我们可以在用过的基本关系图的基础上构建（参见图7）。这次我们不是把猫和抓挠联系起来，而是把它和积极的体验联系起来，比如看一只顽皮的猫追逐一根绳子，或者抚摸一只喵喵叫的猫。这样猫给人更积极的感觉，也许是平静，也许是快乐。这种新联系可以与之前猫和焦虑之间的联系相竞争，提供了一条绕过焦虑反应的路径。孩子与猫接触的积极经历越多，这条道路就越坚固，将来遇到猫时，孩子越有可能感受到积极情绪，而不再是焦虑。反复接触就会产生这种新的、可供选择的反应。

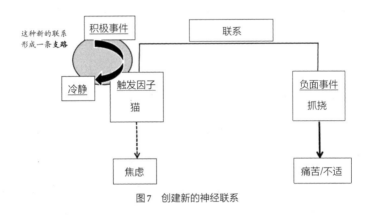

图7　创建新的神经联系

冒　险

不经历痛苦就没有收获。如果你想改变，就必须暴露在让自己恐惧的情境中去经历焦虑。杏仁核学习的最佳时机是在神经元处于兴奋状态时，就像增肌的最佳时机是在肌肉纤维疲劳时，动作重复得越多，肌肉越强。你可以把暴露视为锻炼杏仁核的一种方式。

已经有大量的证据表明情境暴露是改变导致焦虑的大脑联系的一种非常有效的方法。不过，人很难故意让自己陷入痛苦的境地，有时甚至完全不可能。你要在坚信自己可以坚持下去后再尝试情境暴露，因为半途而废可能适得其反。

由于不合适的暴露会增加焦虑，因此最好与有情境暴露治疗经验的治疗师合作，这可以确保你得到最好的治疗。此外还应该仔细选择合适的时机和场合。要选择在那些对生活影响最大的场合进行暴露，对生活没有影响的场合就可以不选择。举个例子，如果你不需要克服对蛇的恐惧，就没有必要进行暴露治疗。

暴露不会让你每时每刻都感到非常痛苦，尤其是选择循序渐进的方式。如果暴露是相当有挑战性的，你可以告诉自己你会经历相对快速的焦虑变化，从而加强决心。可以用游泳来很好地比喻暴露的转化力。你有没有在把脚趾浸入池塘或湖水中时，由于水温较低而畏缩过？但是慢慢地，当水逐渐没过肚子和胸部，你便会意识到水的凉爽。一段时间后，不管你的身体如何调整，你都会发现自己在水里很舒服。你会笑看那些边嘟囔水太凉边小心收回脚的人。同样的调整过程也发生在情境暴露疗法上。如果你保持这种状态，杏仁核就会适应。当你不断让自己暴露在恐惧的情境中时，便会感觉到焦虑减少了。

用药注意事项

如果你正在服用抗焦虑药物，请注意一些药物对暴露治疗是有益的，而另一些药物会使杏仁核适应起来很难。苯二氮卓类药物，如安定（地西泮）、Xanax（阿普唑仑）、Avitan（劳拉西泮）和克诺平（氯硝西泮），可能会干扰暴露。这些药物对杏仁核有镇静作用，有助于抑制焦虑。然而，重新连接的过程需要激活杏仁核和制造焦虑来产生新的学习。新的学习不太可能发生在用苯二氮卓类药物治疗的大脑中。事实上，研究表明，服用苯二氮卓类药物会降低暴露疗法的有效性（Addis et al.，2006）。多个研究发现，从暴露疗法中获益最多的人并没有服用这些药物（例如，Ahmed，Westra，and Stewart，2008）。

另一方面，某些药物有助于暴露疗法的效果，包括选择性5-羟色胺再摄取抑制剂（SSRIs）和5-羟色胺去甲肾上腺素再摄取抑制剂（SNRIs）。SSRIs包括左洛韦（舍曲林）、百忧解（氟西汀）、Celexa（西酞普兰）、雷沙普兰（依西酞普兰）和帕罗西汀（帕罗西汀）等药物。SNRIs包括诸如Effexor（文拉法辛）、Pristiq（去甲文拉法辛）和欣百达（度洛西汀）等药物。研究表明，SSRIs和SNRIs能促进神经元的生长和变化（Molendik et al.，2011）。因此，这些药物可能使大脑回路更容易被经验改变。

加强新的联系

为了最有效地建立新的联系，你必须多次接触触发焦虑的因素。记住，必须激活恐惧回路来产生新的连接。反复暴露不仅会形成这些新的连接，而且会加强新的回路，使其能够超越先前由外侧核建立的恐惧回路。举个例子，如果你想克服对电梯的恐惧，最有效的方法就是在不同的情境中乘坐电梯。

当然，暴露过程中的体验必须是中性或积极的。继续用前面的例子来看，也就是要确保你在电梯里的暴露是安全且平静的。很明显，这并不意味着暴露不会让人产生焦虑感。勇敢地面对焦虑采取行动，你体验焦虑的次数越多，时间足够长，你的恐惧就会越减弱，新的回路就会变得越强大。

设计情境暴露练习

你已经在第7章中学习了如何完成触发因子清单。从你的清单中选择一种情境作为开始，记住那一章末尾讨论的优先顺序（选择一种使你无法实现目标、带来巨大痛苦或一种频繁出现的情境）。首先回顾这种情境下产生焦虑的诱因是什么。同样，我们建议你与了解暴露疗法并能提供支持和指导的医生或治疗师合作。

一旦你选择了想集中精力去解决的情境，下一步就是决定使用系统脱敏法，还是使用满灌疗法。系统脱敏法会让你循序渐进地去除焦虑或恐惧心理，随着时间的推移，你将逐步适应最具挑战性的情境。而使用满灌疗法，则是从一些最具挑战性的情境开始，并在激烈的过程中解决它们。和之前提过的一样，直接使用满灌疗法会让问题解决得更快，不过两种方法都会奏效。在本章中，我们将引导你通过系统脱敏法去除焦虑感，帮你将整个过程分解为一系列步骤。当然你也可以先从满灌疗法开始。

将暴露情境分级

情境分级是指按顺序排列的步骤列表，你将依照这些步骤来学习对特定情境的新反应。换言之，你将一个特定的引发焦虑的情境进行分解，从那些最不容易引发焦虑的行为开始，到最终面对那些更具挑战性的行为。

我们以一位害怕在商场购物的女士来举例。为了帮助这位女士构建自己的分级，我们首先要求她确定最有压力的行为是什么。假设她回答说是"走进一家拥挤的商店，排队等着下单"。然后我们会让她确定一个会引发她焦虑但是她可以克服的相关行为。对此，她可能会回答说："我可以开车去停车场找个停车位。"为了构建她的层级，我们将在这两者之间填充中间步骤。最后，我们会让这个女士想出至少五个处于两者之间引发焦虑的相关行为。这些行为可能是：

- 选择要购买的东西

- 拿起物品并考虑是否购买

- 从停车位走到商场入口

- 向职员询问有关物品的问题

- 与闺蜜一起逛商场

- 在公共场所感到恶心（由于焦虑）

- 不拥挤时独自逛商场

- 拥挤时独自逛商场

接下来，我们要求她将这些行为按照焦虑程度进行分级。焦虑等级从 1 到 100 的量表有助于将这些行为按焦虑程度进行排列。按照焦虑程度排列这些行为需要注意一些变化因素。例如，这个焦虑的购物者必须分辨出，比起在商场里闲逛买东西会给她带来更多的焦虑。此外，触发焦虑的因素可能会有所不同，如身处人群中或向销售人员提问。还有其他的不同，包括是否有另一个给予支持的人在场或身体近距离地靠近触发因子。你可以根据每一步产生的焦虑程度，将练习步骤排列好。然后再开始练习，从最不易引起焦虑的行为开始练习，直到最触发焦虑的行为为止。

这是焦虑的购物者的暴露情境的层级表。请注意，这些情境是如何按焦虑程度排序的。正如你将看到的，第 4 级和第 5 级之间，焦虑等级有了很大的提高。

层级	行为（或情境）	焦虑等级（1—100）
1	开车去停车场找个停车位	15
2	从停车位走到商场入口	15
3	与闺蜜一起逛商场	20
4	不拥挤时独自逛商场	30
5	在公共场所感到恶心（由于焦虑）	50
6	拥挤时独自逛商场	60
7	选择要购买的东西	70
8	拿起物品并考虑是否购买	75
9	向职员询问有关物品的问题	80
10	排队等候直到买完单	90

让自己暴露在焦虑情境中，这并不容易。同样，如果可能的话，找一个专门从事暴露疗法的治疗师来指导和鼓励你完成这个过程。除了帮助你构建暴露情境的分级表，你的治疗师可能会让你做一些练习，帮助你对焦虑引起的身体感觉脱敏，比如心悸、呼吸浅和头晕。

如果你有强迫症，分级表也同样有帮助。你只需创建一个类似的分级表，然后在暴露的情境中，防止自己做出强迫性反应。如果接触罐头导致强迫洗手，你就要练习反复触摸罐头而不洗手。这个过程被称为反应预防暴露。

情境暴露练习

一旦构建了分级表，接下来的目标就是最终完成每一步，直到焦虑减轻或强迫性降低。我们建议使用第6章中的深呼吸和其他放松技巧来应对你在每次训练中感到的焦虑。重新连接脑回路不一定需要经历高水平的焦虑，但如果在暴露期间焦虑水平很高，则会加快变化的进程（Cahill，Franklin，and Feeny，2006）。

有一点很重要，一定不要带着恐惧结束练习，因为这会强化恐惧回路。因此，一定要在焦虑减缓的情况下才能结束练习。换言之，如果你初始的焦虑水平是80分，那么在你的焦虑降低到40分或以下之前不要结束练习（通常你可以感觉到杏仁核接收了新的信息并冷静下来）。你的杏仁核需要知道它是安全的，逃避是不必要的。记住，这是你必须展示给杏仁核的东西，它只能通过经验学习。

为了让杏仁核发生变化，每一步都必须反复练习。一般来说，每重复一个特定的步骤都比前一个容易，虽然有时也会有起伏。你越是被焦虑所限制，就越需要进行练习，以便重新掌控你的生活。另外，一定要提前做好计划。如果你不计划好时间并重复练习，大脑就不会产生新的连接以减少焦虑。最后，我们建议你每跨出一步就奖励自己。你应该为自己完成这些困难的练习而得到奖励！

在每一步的练习中，仔细监控你的想法，这样大脑皮层就不会无必要地增加焦虑，因为大脑会陷入自我挫败或引发焦虑的想法中。要试着减少杏仁核焦虑，而不是用大脑皮层的想法来恶化焦虑。把注意力集中在你正在练习的步骤上，不要想着其他更高层级的练习。

有用的提示

在练习时，有几件事要避免做。记住，不要因为恐惧而逃避和结束练习。如果你因此感到解脱，就等于告诉杏仁核，逃避是答案。这只会增加你将来的焦虑，因为杏仁核试图迫使你再次逃避，所以要克制逃避的冲动。你需要控制自己的行为，而不是让焦虑来控制。

如前所述，监控大脑皮层是否增加了你的恐惧也很重要。大脑皮层能够通过产生消极的想法使情况变得更糟。当你发现自我挫败或引发焦虑的想法时，可以试着用积极的想法来代替，例如：

- "我期待恐惧感会上升，我可以控制它。"
- "关注这种情况，这就是我要做的一切。"
- "保持呼吸，这不会持续太久的。"
- "放松我的肌肉，别紧张了。"
- "我正在激活我的恐惧回路来改变它们，我能掌控局面。"
- "待在这里直到恐惧减少，只要我等待，它就会减少。"
- "我激活恐惧是为了以后不再恐惧。"

最后，不要因为寻求安全感而破坏你在暴露期间所做的努力。比如为了安全感而：

- 准备额外的药物，以便在紧急情况下使用
- 让一个安全的人在场进行所有的练习
- 携带各种幸运符
- 抓住物体
- 戴墨镜
- 坐在特定的位置或方位
- 用手机通话

当你做出以上行为时，暴露只是局部的、不充分的，不会导致你想要的大脑发生变化。如果你在之前的练习中已经这样做了，一定要避免在以后的练习中继续这样做，以确保在暴露过程中所做的所有努力都能达到预期的效果。

总　结

在这一章中，你已经学会了如何使用触发因子激活杏仁核，也学会了如何使用分级表，以渐进的方式激活杏仁核。暴露疗法最重要的元素是练习、练习、练习。杏仁核学习的唯一路径是通过经验。这有时会让人心烦，甚至让人望而生畏。但如果你真想克服焦虑，就必须面对这些困难。

一分耕耘，一分收获。就像锻炼腹部肌肉需要做很多仰卧起坐一样，改变恐惧反应需要你面对恐惧，一步一步地克服它。建立一个新的回路并经常使用它是持久缓解焦虑的最好方法。如果你愿意花一些时间、精力和勇气去挑战你的恐惧并教会你的杏仁核新的反应，那么你的杏仁核就会改变。

第9章
锻炼和睡眠可以缓解杏仁核焦虑

各种神经影像学研究和神经生理学实验表明，杏仁核受运动和睡眠的强烈影响。运动对杏仁核的影响超过了许多抗焦虑药物。睡眠对杏仁核的功能也有很大的影响，睡眠不足会导致焦虑加剧。在这一章中，你将学习如何改变生活方式以缓解杏仁核焦虑，同时降低压力水平，改善你的心理状况。

利用锻炼来应对焦虑

战斗、逃跑或怵立是杏仁核的三种自然反应。与其与这些古老的反应作斗争，不如试着与之合作。如果你的交感神经系统被激活，与其抵抗不如顺其自然。为什么不利用这种本能和肌肉反应，找机会降低杏仁核的激活水平呢？

短时间的有氧运动对减少肌肉紧张非常有效。正如你在第6章中所学的，放松肌肉可以帮助缓解焦虑。当你感到焦虑时，如果快跑或快走，你会利用已经准备好行动的肌肉。这将降低肾上腺素水平，并耗尽应激反应释放到血液中的葡萄糖。运动后，你会体验到持久的肌肉放松。在接下来的章节中，我们将研究运动对身体和大脑的一些影响，以帮助解释为什么运动是一种应对焦虑的有效策略。

运动对身体的影响

最有助于缓解交感神经系统反应的运动类型是有氧运动，它是有节奏的大肌肉群中等强度运动。常见的有氧运动包括跑步、快走、骑自行车、游泳，甚至跳舞。此外，坚持有规律的锻炼计划可以更普遍地减少交感神经系统的激活（Rimmele et al.，2007），包括降低其对血压（Fagard，2006）和心率的影响（Shiotani et al.，2009）。这有助于对抗杏仁核激活的症状。当然，锻炼对身体还有很多其他好处。例如，有氧运动会增加一个人的代谢率和能量水平。所以，如果你用锻炼来应对焦虑，你会得到额外的好处。

如果你没有经常锻炼，请考虑潜在的风险。在开始之前请咨询医生，并逐渐提高运动水平。请记住，有些运动形式，如慢跑，是高强度的运动，可导致多种运动损伤。但是，不要因为缺乏经验而气馁，因为几乎每个人都可以做一些简单的运动，比如走路，就没有太大的困难和风险。

运动与焦虑

我们强烈推荐运动作为一种减少焦虑的策略，原因很简单，它有效。许多研究表明，有氧运动可以缓解焦虑（Conn，2010；DeBoer et al.，2012）。运动20分钟后，焦虑的减轻是可以测量的（Johnsgard，2004）。这比大多数药物起效所需的时间要短。对于焦虑程度较高的人来说，焦虑程度的降低最为显著（Hale and Raglin，2002）。此外，锻炼对那些对焦虑症状敏感的人是有帮助的，这些症状如心率加快或呼吸困难，锻炼时也会有。因此，锻炼可以作为一种暴露方式，减少人们对这些感觉的不适感（Broman-Fulks and Storey，2008）。

一般来说，运动后肌肉张力的降低会至少保持一个半小时，而焦虑感的降低会持续4到6个小时（Crocker and Grozelle，1991）。如果20分钟的持续锻炼可以缓解数小时的紧张和焦虑，那么好处是显而易见的。事实上，如果你预料到一天中的某个特定事件或某个阶段会加剧你的焦虑，那么一个精心安排的锻炼计划可能会让你以更少的焦虑渡过难关。换言之，你可能不需要服用镇静剂就能达到镇静效果。

想想艾莉，一个17岁的女孩，她很担心即将到来的家庭团聚。她在社交方面的困难使这件事对她来说像是一场噩梦，她害怕自己难以应付。通常艾莉在聚会的时候会感到惊慌失措。但在这次聚会的当天，她试着在小区里跑了一圈，她回到家后，感到一种让她吃惊的解脱感。她能够毫无焦虑地和她的叔叔阿姨们交谈，后来她说："我真的相信我的杏仁核认为我已经脱离了危险，它平静下来了！"从那天起，她就开始相信锻炼能减轻焦虑。

运动不仅仅是在当时或者其后的几个小时里减轻焦虑，研究表明，坚持至少10周的定期锻炼计划可以降低人们的总体焦虑水平（Petruzzello et al.，1991）。

运动对大脑的影响

运动能减少焦虑的发现导致了对大脑的研究来解释这一点。你可能对跑步者的欣快感很熟悉，当人们在超过一定的运动量后就会有一种快感。长时间或高强度的有氧运动已被证明会导致内啡肽释放到血液中，而这些神经递质被认为是产生兴奋感的原因（Anderson and Shivakumar，2013）。"内啡肽"是"内源性吗啡"的简称，即"体内自然产生的类吗啡物质"，这些化合物可以通过对大脑的影响来减轻疼痛和产生幸福感。

动物研究有助于阐明运动后大脑可能发生的变化。当实验室的老鼠被允许在转轮上运动时，它们大脑中的内啡肽水平会增加，并在随后的数小时内保持升高，直到大约96小时后才恢复到正常水平（Hoffmann，1997）。这一发现再次表明，运动对大脑的影响持续的时间比运动时间长得多，事实上可能会持续数天。很有可能，当你锻炼的时候，你的内啡肽水平不仅在那一天，而且在随后的几天里影响着你。

运动对杏仁核的影响

另外一项研究表明，运动会改变杏仁核的化学成分，包括神经递质去甲肾上腺素（Dunn et al.，1996）和血清素（Bequet et al.，2001）水平的改变。运动似乎会影响一种在杏仁核外侧核中大量发现的血清素受体（Greenwood et al.，2012）。有规律的运动似乎使这些受体不那么活跃，从而使杏仁核更加平静，不太可能产生焦虑反应（Heisler et al.，2007）。在人类以及小鼠和大鼠身上都发现了这种在定期运动后对杏仁核的镇静作用（Broocks et al.，2001）。

运动对大脑其他部分的影响

当科学家们第一次发现运动可以促进啮齿动物脑细胞的生长时，他们感到很惊讶。20年前，大脑中新细胞的生长还被认为是不可能的，现在研究人员知道，经常在转轮上跑步会增加某些神经递质的水平，并促进大鼠新细胞的生长（Deboer et al.，2012）。研究还证实，运动促进了刺激人脑细胞生长的因素（Schmolesky，Webb，and Hansen，2013），增强了神经可塑性（大脑改变能力）。科学家们已经了解到，简单的运动可以增加神经递质的水平，促进人脑中新细胞的生长。

运动产生的改变会影响大脑皮层和杏仁核，一如内啡肽对大脑皮层的作用，这些神经递质和其他神经递质水平的变化会影响大脑的各个区域。运动也会产生一种蛋白质（脑源性神经营养因子），会促进大脑神经元的生长，特别是皮层和海马体（Cotman and Berchtold，2002）。此外，对大脑活动的神经影像学研究表明，运动会改变大脑皮层某些区域的激活。例如，在跑步机上跑了30分钟后，与右额叶区域相比，男性的左额叶皮层更活跃（Petruzzello and Landers，1994）。更大的左额叶激活与更积极的情绪有关，这表明运动可以以一种产生更积极情绪的方式刺激大脑皮层。这些积极的情绪可能有助于减少焦虑。

考虑什么样的运动对你最好

对你来说，无论是身体上还是精神上，最好的锻炼方式是符合以下四个标准的运动：

- 喜欢做
- 会坚持做
- 中等强度
- 医生同意

这意味着你应该选择一种或两种锻炼方式，每周至少三次，每次30分钟。无论选择什么，记住对你的心脏跳动和血液流动有很多好处。一旦你感觉到情绪有所改善，总体压力水平有所减轻，你就会发现坚持锻炼计划变得容易了。

练习：评估你的运动商

这个简短的练习将帮助你评估你目前的锻炼模式，并帮助你加强对一个定期的、长期的体育锻炼计划的承诺。花点时间考虑以下所有问题：

- 你每周锻炼一次，每次锻炼持续多长时间？

- 运动后你是否感到不那么焦虑？

- 如果你不经常锻炼，你会考虑开始一个锻炼计划来减少焦虑造成的交感神经系统激活吗？

- 哪种类型的运动最吸引你？

睡眠：大脑活跃的时间

大多数人都知道当他们睡个好觉后，他们会感到精神振奋和思维敏锐，但很少有人真正理解睡眠对大脑的重要性。人们倾向于把睡眠看作是大脑关闭的一段时间，但睡眠实际上是大脑非常活跃的一段时间。就像心脏或免疫系统一样，大脑在睡觉的时候会继续工作。事实上，在睡眠的某些时期，大脑比醒着的时候更活跃（Dement，1992）。当睡觉的时候，大脑忙于确保荷尔蒙的释放，所需神经化学物质的生产，以及记忆的储存。

然而，对于那些与焦虑作斗争的人来说，获得良好的、平静的睡眠通常是一个挑战。当焦虑干扰睡眠时，杏仁核激活交感神经系统，使你保持警觉状态，防止你进入深度睡眠。大脑皮层产生的焦虑会让你陷入苦思，从而使问题更加复杂，进一步导致杏仁核激活交感神经系统。更糟糕的是，如果不采取措施确保你得到良好的睡眠，焦虑的症状就会变得更加严重，因为睡眠不足会使杏仁核更容易产生焦虑反应。

睡眠困难

如果你很难入睡或过早醒来后又无法入睡，那么阅读这一部分对你来说很重要。许多人不知道不眠之夜对他们的身体、大脑，特别是杏仁核有害。不觉得累并不意味着睡眠充足。当你睡眠不足时，你仍然可以在刺激的情况下感到警觉甚至精力充沛。由于焦虑症患者通常处于一种警惕状态，交感神经系统激活让他们可能不会感到困倦，因此他们误认为自己没有睡眠不足的问题。请注意，睡眠不足会以多种形式出现，包括焦虑或易怒、注意力不集中或缺乏动力。

练习：评估睡眠困难是否是你的问题

为了帮助你确定你是否有睡眠问题，阅读下面的陈述，并检查哪些符合你的情况：

____我经常坐立不安，睡觉时很难入睡。

____我用药物或酒精来帮助我入睡。

____我需要完全安静才能入睡。任何噪声都会妨碍我放松入眠。

____我常常要花20多分钟才能入睡。

____我经常感到昏昏欲睡，或在白天打盹。

____我不会在一个固定的时间睡觉或醒来。

____我醒得太早，睡不着觉。

____我睡不好觉，因为无法放松。

_____当我早上起床时，感觉就像没有睡过。

_____我害怕晚上睡觉。

_____我靠咖啡因维持一天的生活。

你越符合这些陈述，就越有可能欠下睡眠债。睡眠欠债发生在人们没有得到足够的睡眠，而且欠债越来愈多。大多数成年人每晚需要7到9小时的睡眠。每晚你少睡一个小时左右，你的债务就会增加。因此，即使你在某个晚上得到了足够的睡眠，第二天你仍然会因为睡眠欠债而感到困倦或易怒。

睡眠不足和杏仁核

睡眠不良对人脑是有害的。睡眠不足的人注意力不集中，记忆力有问题，健康状况普遍较差。但在本章中，我们特别感兴趣的是睡眠不足如何影响杏仁核，所以让我们来看看这个问题的研究结果。研究表明，杏仁核对睡眠不足的反应比大脑的其他部分更为消极。在一项研究中（Yoo et al.，2007），一组人被禁止睡眠一晚，另一组人被允许正常睡眠。然后，在下午5点左右，所有人被带进实验室，展示各种各样的图像，包括积极的和消极的，而科学家们使用功能磁共振成像来观察他们的杏仁核是如何反应的。那些睡眠不足的人，在大约35小时没有睡眠的情况下，近60%的人的杏仁核对消极图像的反应更活跃（Yoo et al.，2007）。所以要意识到，如果你不睡觉，你的杏仁核很可能会有反应，导致你经历焦虑或其他情绪反应，如愤怒和易怒。

当我们睡觉时，我们会以一种特定的模式经历不同的睡眠阶段。我们以一种重复的方式在这些不同的阶段中循环，快速眼动（REM）睡眠通常会在夜间发生几次。快速眼动睡眠是做梦的睡眠阶段。这也是巩固记忆、补充神经递质的时候。研究人员发现，杏仁核的低反应性与获得更多的快速眼动睡眠有关（van der Helm et al.，2001）。这表明，良好的睡眠，特别是充足的快速眼动睡眠，可以帮助杏仁核平静下来。

为了获得充足的睡眠，了解快速眼动睡眠何时发生是很重要的。快速眼动睡眠发生在睡眠周期的后期，在整个睡眠期后期，快速眼动睡眠的阶段变得更加频繁。许多人没有意识到长时间的睡眠对于进入快速眼动睡眠阶段是必要的。因此，睡四个小时，醒一个小时，然后再睡四个小时并不等于八个小时的睡眠。当你在醒了半个小时后又重新入睡时，睡眠周期要重新开始，所以要花更多的时间来度过整个睡眠期。

应对睡眠困难

读了这些关于睡眠的信息后，你可能会想，我想好好睡一觉，但这并不容易！是呀，我们生活在一个各种媒体24小时可及、商场和餐厅24小时开放的时代，这造成了很多人长期无法获得充足的睡眠。生活的某些阶段也会使人容易缺乏睡眠，包括大学时代或是做父母的头几个月。很多人把睡觉视为一种奢侈，所以当需要时完全可以不睡。

为了平息焦虑，你需要抵制干扰睡眠的影响。然而，焦虑本身往往会损害人们的睡眠能力，入睡困难或早起都是很常见的。在应对睡眠困难时，知道哪些方法会有所帮助，哪些方法实际上会使问题恶化，这是很有用的。

改善睡眠的最好方法是养成良好的、健康的睡眠习惯。以下练习可以帮助你获得良好的睡眠：

- 睡前，做一套常规的放松练习。

- 睡前至少一小时内消除光刺激。

- 把锻炼放在白天。

- 养成固定时间就寝和起床的习惯。

- 避免打盹。

- 睡前，放松大脑，避免动脑筋。

- 如果睡前有烦恼困扰着你，告诉自己明天再来处理它。

- 确保睡眠环境有利于睡眠。

- 在傍晚和晚上避免摄入咖啡因、酒精，避免吃辛辣食物。

- 使用放松呼吸技术为睡眠做准备。

- 如果你在床上睡了30分钟仍无法入睡，请起床做些放松的事情。

- 把你的床主要用来睡觉。

- 避免使用助眠器。

总　结

很明显，生活习惯对杏仁核有很大的影响。如果有规律地进行有氧运动，特别是使用大肌肉群的运动，对杏仁核和大脑皮层的积极影响可以帮助改善情绪。锻炼也能增强神经可塑性，使杏仁核和皮层对你试图实现的重新连接更敏感。此外，确保充足的高质量睡眠可以让杏仁核平静下来，让它对你在日常生活中遇到的任何事情都不那么敏感，以一种更平静的方式处理你所经历的压力。

在本书的第2部分中，你已经学会了许多影响杏仁核回路并保持平静的技巧。现在是时候转向大脑皮层了，它也能引发、加剧或减轻焦虑。正如你在本章中看到的，当谈到减少焦虑时，锻炼和睡眠对大脑皮层和杏仁核都有好处。在本书的第3部分，我们将仔细研究控制大脑皮层焦虑的其他方法。

3

控制大脑皮层焦虑

第10章
焦虑的思维模式

　　人们倾向于把自己的情绪当作自己无法控制的部分。但是通过学习，你可以影响引起焦虑的神经过程。在本书的第2部分，我们深入研究了如何影响杏仁核并重新连接神经回路。在第3部分中，我们将深入研究如何影响皮层并重新连接神经回路。改变大脑皮层产生的思想、图像和行为是有可能的，你可以通过特定的方式更好地控制大脑皮层焦虑。

　　许多人都很熟悉用思想控制焦虑的方法，他们从治疗师那里或者通过阅读了解到了思想或认知是如何导致焦虑的。现在，重要的是你要了解不同的方法是如何帮助你的大脑皮层重新连接的，这样你就能知道你在使用这些技术时要完成什么。我们的目标不是详细解释每一种基于大脑皮层的方法，而是向你展示这些策略是如何帮助你重新连接大脑皮层，以持久的方式缓解焦虑。

　　正如导言中所提到的，"认知"是大多数人称之为"思考"的大脑皮层过程的心理学术语。也许认知治疗最著名的先驱是精神病医生亚伦·贝克和心理学家阿尔伯特·埃利斯，他们各自提出，焦虑可以通过某种类型的思考产生或恶化。两人都认为焦虑源于人们解释事件的方式，有时由于某些思维过程而扭曲了现实。例如，你可能会过分强调情况的危险性，比如尽管航空旅行总体安全，但仍担心飞机坠毁。或者，当别人的行为与你无关时，你可能会把别人的行为理解为与你个人有关，比如假设某人在你的演讲时讲话是因为你很无聊。

认知可以让我们预见到一些永远不会发生的问题，或者担心那些无害的身体感觉。

认知重构

这种被称为认知疗法的方法的基本思想是，一些认知是不合逻辑的或不健康的，会造成或加剧不健康的行为模式或心理状态。认知治疗师专注于识别和改变那些自我挫败或功能失调的想法，特别是那些导致焦虑或抑郁程度增加的想法。这种方法被称为认知重构。认知重构直接干预大脑皮层回路。当认知治疗师讨论自我挫败或功能失调的想法时，他们关注的是发生在大脑皮层的过程，主要是在左半球。当然，每当我们试图改变自己的想法时，我们都在试图以某种方式改变大脑皮层。我们的思想不仅仅是大脑神经和化学过程的结果，还是大脑中的神经和化学过程本身。在认知重构中，大脑的重新连接就是通过你的想法完成的。

我们现在知道，杏仁核焦虑在大脑皮层发生反应前就已经发生了，但这不意味着大脑皮层的反应不重要，相反，大脑皮层对杏仁核反应的方式和杏仁核焦虑的程度都有着至关重要的影响。

虽然焦虑可以自动发生，改变想法并不能总是阻止焦虑，但是当大脑皮层中的想法或图像引发焦虑反应时，改变这些想法或图像肯定可以缓解或防止焦虑。假设两个十几岁的孩子在等着考驾照。何塞坐在那里怀疑自己的答案，担心自己是否能通过考试，脑子里想象着有人来告诉他，他拿不到驾照。与此同时，里卡多的父亲在他参加考试后和他开玩笑，这让里卡多没有把注意力集中在可能的失败上。多亏了他父亲的玩笑，里卡多才没有考虑到潜在的负面后果。结果，两人都通过了测试，但只有何塞经受了一段紧张、焦虑的等待期。当人们改变他们的想法时，他们也许能够阻止大脑皮层产生焦虑。

认知重构策略也有可能影响杏仁核焦虑的严重程度。通常，大脑皮层会加重杏仁核引发的焦虑。但是，与其火上浇油，你不如去学习如何控制自己的想象、思考或告诉自己保持冷静。虽然改变思维和思维过程似乎很困难，但它比应对由焦虑想法引起的杏仁核情绪反应更容易。如果你了解你的大脑皮层思维和杏仁核的激活之间的联系，并且认识到通过改变你的想法可以缓解甚至避免焦虑，你就会有利用你的大脑皮层来抵抗焦虑的动机。通过改变想法，你可以在大脑中建立新的反应模式，从而达到稳定和持久的改变焦虑的效果。

解释的力量

在第3章中，我们讨论了大脑皮层的解释是如何增加焦虑的。当你经历一个情境或事件时，情境或事件本身并不会让你产生情绪。尽管人们经常说"我丈夫让我很生气"之类的话，但引起这种情绪反应的并不是她们的配偶。大脑皮层对情境和事件的解释是导致情绪反应的原因。例如，大脑皮层可能会提供一种解释，比如"他应该注意到我做对了什么，而不是做错了什么，这让我很生气"。考虑到不同的人对同一事件有不同的情绪反应，因此事件不可能是情绪的起因。

虽然改变解释可以控制大脑皮层引起的情绪反应，但改变解释并不总是容易的，因为这些解释往往是由你过去的经验和期望所塑造的。这可能需要做一些工作来思考整个情况并确定你想要的解释方式。此外，你可能并不总是想改变情绪反应；有时它们可能是适当的或有用的。然而，拥有改变大脑皮层解释的能力通常可以大大降低焦虑。

练习：改变你的解释来减少焦虑

认识到引起焦虑的原因是你对一种情况的解释，而不是这种情况本身，会给你一种减少焦虑的新方法。你可以通过大脑皮层的重新解释来减少杏仁核的激活。

假设莉兹在英语课上对写作作业感到焦虑。如前所述，这里有三个因素在起作用：事件、莉兹大脑皮层提供的解释以及她的情绪（焦虑）。莉兹看到老师写了很多评语。她心想，所有这些评语都在指出我的错误，显然我写得很糟糕，这门课我会不及格的。一想到这些，莉兹就觉得恶心，开始发抖，感到不知所措。她的这种想法肯定激活了杏仁核。

但后来，当莉兹真正地看了老师的评语时，她发现虽然其中一些确实是更正，但其他的则是赞美、有益的建议，以及老师对她所写的发人深省的部分的点评。她的成绩是B——不是灾难，但有提高的余地。现在莉兹有机会改变她的解释，下次她拿到一篇写有评语的文章时，她会想，我的老师给了我有用的反馈。我要学习如何成为一个更好的写作者，我可以得到更高的分数。显然，对同一事件的不同解释会产生不同的结果。

当你感到焦虑时，你可以思考一下你对事件的解释。记住这三个要素：事件、解释和由此产生的情感。学会认识你的解释，然后考虑如何改变它们以减少焦虑。

现在就试试：在一张单独的纸上，列出你感到焦虑的几种情况。然后，针对每一个问题，看看你是否能找出导致你焦虑反应的解释（如果你感到有困难，本章后面的评估会对你有所帮助）。

接下来，花点时间做头脑风暴，为你确定的每一个引发焦虑的解释寻找不同的解释。很快你可能会发现不同的解释是如何导致广泛的情绪反应的。当然，为了减少焦虑，你应该尽量做出能让你的心绪更平静、心态更平和的解释（关于如何改变解释，你可以参阅本书第11章中的内容）。

当你做出不同的解释后，大声念出来，这样可以进一步完善你的解释，提升你改变解释的能力。刚开始改变解释的过程可能陷入尴尬的境地：你可能会发现新解释难以令人信服。但是随着时间的推移，你会发现这些想法变得更加强烈，并且越来越频繁地自动产生。你越是刻意地使用它们，它们就越会成为你习惯性的回应方式。记住，大脑皮层遵循"忙碌者生存"的原则（Schwartz and Begley，2003）。

改变并不容易，但只要你花时间用心来做出不同的解释，你是可以做到的。而且，这样做有个好处，那就是在杏仁核被激活之前改变解释，可以让情绪更容易平复下来。

识别大脑皮层是如何引发焦虑的

在本章的其余部分，我们将研究几种激活杏仁核的常见思维类型。在各种情况下识别它们，是使用认知重构技术和正念（都在第11章中讨论）减少焦虑的重要步骤。如果你改变了想法，你就会在大脑中建立起新的反应模式，这些模式会持续保护你不受焦虑的影响。

因为焦虑的想法是自动产生的，你可能都没有意识到。因此，接下来我们将提供一系列的练习，来帮助你识别导致你焦虑的基于大脑皮层的过程。请注意，这些评估并不是专业设计的测试；它们只是为了帮助你考虑自己思维的过程。当你完成每一项评估时，仔细考虑评估中的陈述，并诚实地说明它们是否反映了你自己的焦虑体验。

我们把下面的所有大脑皮层倾向称之为"焦虑触发思维"，因为它们都有激活杏仁核的潜力，事实上它们可能是焦虑的主要来源。

练习：评估悲观倾向

观察大脑皮层影响的最简单的方法之一就是考虑你对自己、世界和未来的总体看法。大脑皮层的一部分工作是帮助你解释你的经历，并对未来可能发生的事情做出预测。你的总体观点会对这个过程产生很大的影响。有些人倾向于乐观，期待最好的结果；而另一些人则更悲观，期待最坏的结果。乐观更为普遍，它往往导致更少的焦虑。如果倾向于悲观，你可能会更焦虑。此外，悲观的态度会使你不太愿意去改变焦虑，因为你不希望成功。

这个评估将帮助你测试自己是否有消极、悲观的倾向。通读以下内容，看看你是否符合以下情形：

——当即将要做报告或考试时，我会非常担心，怕自己做得不好。

——通常，我觉得一个事情可能会出问题，它就一定会出问题。

——我常常觉得自己的焦虑永远不会结束。

——当我听说某人身上发生了意想不到的事情，我通常会往消极方面去想。

——我经常为我害怕的，但很少或永远不会发生的负面事件做准备。

——除了坏运气，我什么运气都没有。

——有些人想改善他们的生活，但这对我来说似乎是无望的。

——大多数人都会让人失望，所以最好不要期望太高。

如果你符合上述许多的陈述，那你就有悲观的倾向。

大脑皮层的乐观与悲观

乐观更多地与左半球激活相关，而悲观则更多地与右半球激活相关（Hech，2013）。右半球更专注于识别威胁和可能出问题的地方，因此右脑活跃度的增加会带来更多的负面评价。有意识地采取积极的态度已经被证明会激活左半球（McRae et al.，2012），这证明悲观态度是可以改变的。

伏隔核是额叶的一种结构，在改变悲观态度方面也能起一定的作用。伏隔核是大脑中的一个快乐中心，与希望、乐观和对回报的期待有关。这里是神经递质多巴胺释放的地方，研究表明，当大脑中多巴胺水平较高时，消极预期就会减少，乐观情绪就会增加（Sharot et al.，2012）。神经科学家理查德·戴维森发现，人的伏隔核活动越多，他对前景就越乐观（Davidson and Begley，

2012）。戴维森坚持认为，大脑的这一部分是乐观生活的基础，一些研究人员确实发现，悲观者伏隔核的反应与乐观者不同（Leknes et al.，2011）。其他研究人员发现乐观主义者更有可能在前扣带回皮层（位于额叶的大脑结构）有更多的激活（Sharot，2011）。

不管我们是否能识别出大脑皮层中与乐观和悲观倾向相关的特定区域，很明显悲观是可以改变的。乐观的人往往更快乐，能更好地应对逆境，身体也更好（Peters et al.，2010）。他们更有动力去尝试去做事情，当他们失败时，他们会再次尝试，因为他们期望他们的努力会带来好的结果（Sharot，2011）。不管他们的期望是否有效，他们往往不那么担心，只关注积极的结果。

相反，悲观主义更容易导致气馁、退缩和放弃。悲观主义者更容易担心，想象不好的结果，并且执着于生活中的困难。把注意力集中在消极的事情上并不是一种情感上值得的生活方式。如果你有悲观倾向，那么你将从第11章讨论的基于大脑皮层的干预措施中获益，包括停止思考、认知重构、应对陈述和正念。

练习：评估你的忧虑倾向

对许多人来说，忧虑是焦虑的根源，尤其是对患有广泛性焦虑症的人。忧虑以想象的画面或者想法的形式出现，以解决问题为中心，以期对预期的未来困难做出回应。如果你有负面思维的习惯，那么忧虑可能就是你焦虑的根源。

这个评估将帮助你探索自己是否倾向于忧虑。阅读下面的陈述，并检查是否有你符合的情况。

——我擅长想象在特定情境下可能会出现的各种状况。

——我有时担心我的症状是由于一些尚未确诊的医学疾病造成的。

——我知道自己总是担心一些琐碎的事情。

——当我忙于工作或其他活动时，我没有那么多焦虑。

——即使事情进展顺利，我似乎也总觉得会出什么问题。

——我有时觉得如果我不担心具体情况，肯定会出问题。

——即使出问题的可能性很小，我也倾向于详述这种可能性。

——我经常因为担心的事情难以入睡。

如果以上陈述有一半以上符合你的情况，那你就有忧虑的倾向。

大脑皮层的焦虑回路

焦虑并不总是由我们生活中实际发生的事情引起的。由于大脑皮层的预测能力，尚未发生或永远不会发生的事件也能引起焦虑。忧虑基本上是对可能出现的负面结果的思考，旨在防止或减少预期的困难。具有讽刺意味的是，这些尝试却会加剧焦虑从而造成更大的痛苦。正如 19 世纪政治家和科学家约翰·卢博克（John Lubbock，2004：188）所说："一天的忧虑比一周的工作更让人精疲力尽。"

与忧虑发生相关的主要大脑结构是眼眶前额叶皮层，是眼睛上方和后方的额叶的一部分。它考虑各种可能的结果，包括好的和坏的，并决定如何在未来采取行动（Grupe and Nitschke，2013）。眼眶前额叶皮层赋予我们计划和自我控制的能力，使我们能够以其他动物无法做到的方式为未来事件做好准备。但这种能力是一把双刃剑，因为预期有时也会带来不必要的忧虑。一些研究人员认为，忧虑是一种试图利用左半球的语言处理来避免右半球负面图像的方式（Compton et al.，2008）。

前额叶皮层的第二部分，前扣带回皮层，也参与制造忧虑。它位于前额叶皮层的一个较老的部分，由于它靠近大脑的中心，它充当了皮层和杏仁核之间的桥梁，帮助我们处理大脑中的情绪反应（Silton et al.，2011）。由于发育缺陷或者功能失常而导致的神经递质水平异常，前扣带回皮层可能会过度活跃，从而失去正常桥梁的沟通作用。额叶皮层和杏仁核之间持续不断的信息流被困在一个循环中，这将使思维和反应更加灵活。当这种情况发生时，人们就会全神贯注于解决甚至还没有发展出来的潜在问题。我们称之为前额叶皮层的"忧虑回路"。这与有效的计划或解决问题是完全不同的。如果你也被忧虑困扰，你将从第11章讨论的策略中受益，包括分散注意力、停止思考、认知重组技巧、正念，以及学会计划而不是担心。

练习：评估强迫倾向

正如第3章所讨论的，强迫包括专注于某个特定的情况，并且无法停止思考。强迫，或反复参与特定的行为，可能会带来暂时的缓解，但由于这些不是真正有效的解决方案，执行它们的需求会一次又一次地出现，通常是在一个不断升级的循环中。如果你发现自己全神贯注于某些想法，或者坚持执行某些强迫行为，那么这绝对是一个来自大脑皮层的问题。

以下的评估将帮助你确定你是否有强迫倾向。阅读下面的陈述，并检查是否有你符合的情况。

____我可以花很长时间在脑海里重新想起某些事情。

____当我犯了什么错误或者忘记做某事时，我会花很长时间来接受它。

____如果一个朋友或亲戚让我失望，我可能需要几个月的时间来克服不安，重新恢复和那个人的良好关系。

____如果我不能把某些东西保持整齐或良好的状态，我会感到非常不安。

____我会全神贯注于计划、数数，诸如此类的事情。

____我需要反复检查一些事情，以减少我的焦虑，比如反复检查煤气灶是否关了。

____在很多情况下，我总是无法停止思考污染、细菌、化学物质或疾病的风险。

____不愉快的想法或图像经常出现在我的脑海里，无法消除。

如果你同意这些说法，那么强迫性思维可能是你焦虑的根源。

强迫性思维和强迫性行为

　　当大脑皮层始终被某种想法占据无法摆脱时，会引起焦虑。为了消除这种想法减轻焦虑，人们可能会重复某种行为。胡安妮塔一直觉得自己的手很脏有细菌，为了消除自己的担忧，她开始洗手。问题是，每一次洗完手几分钟后，她又觉得手被弄脏了，再去洗。于是，她一直反复不断地洗手，以至于皮破流血。

　　强迫症和焦虑症有着相同的大脑激活区域：眼眶前额皮层和前扣带回皮层。连接这两个区域的回路也是研究的重点（Ping et al.，2013）。许多神经影像学研究显示，强迫症患者眼眶前额叶皮层过度激活（Menzies et al.，2008）。然而，这种功能障碍不一定是永久性的。研究表明认知行为疗法有助于减少强迫症状（Zurowski et al.，2012），而症状的减轻与眼眶前额皮层激活的变化有关（Busatto et al.，2000）。此外，强迫症可能是由于前扣带回皮层的结构问题，强迫症患者的前扣带回皮层往往更薄（Kuhn et al.，2013）。

　　强迫性思维和强迫性行为都是源于大脑皮层焦虑。强迫性思维倾向于集中在某些主题上，包括污染、危险、暴力或秩序，并且会产生大量的焦虑。强迫性行为可以有多种形式，但通常包括清洁检查、计数或触摸。强迫性行为本身似乎不会产生太多的焦虑，但当人们试图对抗这种行为时，便会产生大量的焦虑。在第

11章中，我们将讨论如何帮助你的大脑皮层抵抗强迫症。强迫症可能需要暴露疗法，如第8章所述，因为抵抗通常会激活杏仁核。

练习：评估完美主义倾向

把不现实的高标准放在自己或他人身上肯定会增加你的焦虑。因为没有人能做到完美，高标准往往意味着失败。

这个评估将帮助你确定完美主义对你来说是否是个问题。阅读以下的陈述，并检查哪些符合你的情况：

____我对自己有很高的标准，而且通常都会遵守这些标准。

____我通常有一套固定的做事方法，并且很难改变。

____工作中，人们认为我非常认真和细心。

____当我错了的时候，我会非常尴尬和羞愧。

____当别人看着我时，我担心我会害羞。

____我几乎从来没有达到我满意的水平。

____我很难忘记我犯的错误。

____我觉得我必须对自己苛刻，否则我就不够好了。

如果你符合这些陈述，你可能有完美主义倾向。

完美主义的危险

完美主义者对自己或他人的期望导致的焦虑由大脑皮层路径产生。有时候，完美主义是习得的，比如从父母那里。父母们可能看不到鼓励孩子总是尽力而为的坏处。然而，这会在大脑皮层产生不切实际的期望。这并不是说父母不应该对孩子有很高的期望，只是他们需要谨慎地提防灌输不切实际的想法。我们不可能每时每刻都处于最佳状态。

然而，父母并不总是完美主义倾向的根源。以蒂芙尼为例，她认识到她不切实际、完美主义期望的根源是她自己。她记得从孩提时代开始，她就总是觉得自己必须正确地做每件事。她的父母却很宽容，也通情达理。他们经常说，她的表现很好，她不需要十全十美。

不管人们是否觉得他们的完美主义期望是合理的，有必要认识到完美主义是焦虑的根源。来自完美主义的自我批评和失望会显著增加日常的焦虑体验。因此，重新审视你的期望是否不切实际是有益的。幸运的是，大脑皮层有能力设定更合理的期望值，从而减少焦虑。

练习：评估灾难化倾向

把小问题或小挫折看作是巨大的灾难就是灾难化倾向的表现。比如，你觉得某件事出了差错，你的一天就毁了。这种来自大脑皮层的解释可能会导致大量的焦虑，但一旦你学会了识别它，你就可以采取措施来减少焦虑。

以下的评估将帮助你确定你是否有灾难化倾向。阅读以下的陈述，并检查哪些符合你的情况：

_____任何事情我都会设想最坏的后果。

_____我经常小题大做。

_____我的想法经常让人们觉得我不可理喻。

_____我经常觉得再出一件错事我就受不了了。

_____当事情不按我所希望的方式发展时，我会束手无策。

_____我对别人不太关心的问题反应过度。

_____即使是一个小小的挫折，比如等红绿灯，也会激怒我。

_____有时候，在我脑海中开始的一个小小的怀疑，在我反复
思考的时候，会变成一种压倒性的消极想法。

如果你符合这些陈述，你就有灾难化倾向。

高估成本的代价

灾难化倾向无疑会加剧你的焦虑。灾难化倾向源于眼眶前额叶
皮层的回路，它也与忧虑有关。眼眶前额叶皮层除了评估事件的后
果，还负责评估事件的成本或负面影响（Grupe and Nitschke，2013）。

有些人倾向于高估某些负面事件的代价。例如，杰里米要迟
到了，却遇到了红灯，他脱口而出一连串的脏话，愤怒地猛击方
向盘。实际上，等红灯只会耽误他一到两分钟，却让他感到了愤
怒，感受到了挫折。具有讽刺意味的是，灾难化倾向会激活杏仁
核，诱发更多的焦虑，让情况变得更糟。

但是，像第11章所建议的那样，如果你意识到自己有灾难化

倾向，就可以用更合理的应对策略来替代它。

练习：评估内疚和羞耻

内疚和羞耻是来自大脑皮层额叶和颞叶的情绪。内疚是你认为你的行为方式不可接受时产生的一种感觉。而羞耻是感觉别人会以消极的方式看待你。这两种情绪都会引起焦虑。

阅读以下陈述：

＿＿＿我经常觉得我没有达到我对自己的期望。

＿＿＿当我考虑不做我认为应该做的事情时，我会变得非常担心。

＿＿＿我经常担心让人失望，很难拒绝别人。

＿＿＿如果一个朋友因为我不参加活动而心烦意乱，我可能会感到内疚好几天。

＿＿＿让别人失望了，我会感觉很糟糕。

＿＿＿别人很容易让我内疚，让我做他们想做的事。

＿＿＿我很难承认自己的错误并和别人讨论。

＿＿＿一旦有人批评我，我倾向于避免花太多时间和他在一起。

如果你符合以上大多数的陈述，内疚、羞耻就可能是导致你焦虑的原因。

内疚、羞耻和焦虑

如前所述，内疚集中在你对自己的评价上，而羞耻则是想象别人对你的消极评价。然而，两者似乎都与额叶和颞叶的激活有关。

羞耻和内疚通常与社交焦虑症有关，社交焦虑症是最常见的焦虑类型之一，通常涉及害怕被别人仔细检查。以瑞安为例，他在小组中讲话有困难。他往往对自己的表现感到羞耻、尴尬和不安，他希望别人严厉地评价他。事实是，他对自己的评价通常比别人更严厉，他甚至对轻微的过失也感到内疚。

经历极度的内疚和羞耻会导致严重的焦虑。杏仁核似乎更强烈地被羞耻激活，而不是内疚（Pulcu et al.，2014），这一发现与杏仁核在保护我们免受危险方面的作用相一致。认知重构，包括应对思维的运用，可以慢慢改变内疚和羞耻的倾向。

练习：评估大脑右半球焦虑

你可以用大脑皮层的右半球想象那些实际上没有发生的事情。当你想象痛苦的情境时，这往往会在不经意间引发焦虑反应。

仔细阅读以下的陈述：

____我在脑海中想象可能出问题的情境，想象可能出问题的各种方式以及其他人的反应。

____我对别人讲话的语调特别敏感。

____我几乎总能想象出几个场景，来说明一种情况对我来说是多么糟糕。

____我倾向于想象人们会批评或拒绝我。

_____我经常想象自己遇到尴尬的事情。

_____我经常想象自己遇到可怕的事情。

_____我依靠直觉去了解别人的感受和想法。

_____我很注意人们的肢体语言，并能捕捉到细微的暗示。

如果你符合以上大多数的陈述，你的焦虑可能会因此而增加。

右半球焦虑

右半球擅长以更全面、综合的方式处理经验，并且擅长处理人类互动中的非语言方面。有时候，它关注的是面部表情、语调或肢体语言，并对这些信息下结论。例如，你可以曲解一种语调，认为某人对你生气或失望，而他们只是累了。

右半球倾向于关注负面信息，无论是视觉信息还是听觉信息（Hecht，2013）。我们已经注意到，它往往是悲观思想的根源。此外，它还可以利用想象的力量来产生非常可怕的场景和图像。右半球会留意其他人的姿势、语调或面部表情中的任何负面因素。

这些基于右半球的过程会让你的杏仁核做出反应，就好像你正处于某种危险之中，虽然你并未面对任何威胁。应对这样的情况，我们有许多有用的策略，包括游戏、冥想和锻炼。这些策略可以增加左半球的活动、产生积极的情绪，以及使右半球安静下来。我们在第6章和第9章中解释了这些策略。

大脑皮层的右半球在焦虑唤醒和悲伤时更活跃（Papousek，

Schulter, and Lang, 2009）。一项研究表明，在准备演讲的社交恐惧症患者中，右侧大脑变得活跃，心率加快（Papousek, Schulter, and Lang, 2009）。神经科学家发现，右半球的中间部分有一个完整的系统来应对直接的威胁。这个系统将注意力引导到对环境的视觉扫描上，增加对有意义的非语言线索的敏感度，促进交感神经系统的活跃（Engels et al., 2007）。一旦焦虑开始，这个系统就会参与进来。然而，它也可以在不必要的时候参与进来，在这种情况下，它会产生焦虑，而不是帮助你有效地应对威胁。

在第11章，我们将解释如何使用来自右半球的积极意象来对抗焦虑。你也可以利用音乐的旋律及其所包括的情感，让这个大脑半球产生积极的情绪。通过这些方法，你可以学会使用右半球来抵抗焦虑，而不是制造焦虑。

总　结

本章介绍了哪些大脑皮层过程和思维模式会激活杏仁核。每个人都有一个独特的皮层，有自己独特的方式引发焦虑。注意你自己日常生活中的焦虑情绪是改变的第一步，了解哪些倾向对你的影响最大，然后采取针对性的策略来应对。这些倾向都不是固定不变的，你完全可以构建新的大脑皮层回路，并通过学习强化，完成新旧回路的更替。在下一章中，你将学习一些技巧，这些技巧将帮助你重新连接大脑皮层回路，以减轻或对抗焦虑。

第11章
如何让大脑皮层平静下来

让大脑皮层沉溺于自己创造的思维和想象会激活杏仁核并产生焦虑。幸运的是，对事件的想象与事件本身有着天壤之别，脑海中发生的事件并不意味着它真正地发生。但是，杏仁核并不知道两者的区别，所以你必须记住这一点，以防止杏仁核对大脑的想象做出焦虑反应！

再论认知融合

如果你认识到想象和现实的差别，你就可以在很大程度上控制你的焦虑。正如第3章所讨论的，当我们太专注于我们的想象而忘记了它们仅仅是想象时，认知融合就发生了。以索尼娅为例，她是一位年轻的母亲，有一个男婴。一天，她想到她的孩子是多么脆弱，多么容易受到伤害。这种想法一直占据她的脑海。她想象着自己不小心把孩子掉在地上，掉进水里。这些想法使她感到害怕，不久她就害怕和儿子单独在一起，因为她相信有了这些可怕的想法，她可能会采取行动。就这样，她混淆了自己的想象与现实，成为认知融合的受害者。然而，她害怕和儿子单独在一起的事实表明，她担心儿子受到伤害，如果有必要，她会采取行动保护他。

在任何特定的时间，每个人的大脑皮层都会产生各种各样的想法，但这并不意味着这些想法是真的、会发生，或者会影响我们。尽管如此，我们还是很容易忘记思想只是思想，只是大脑皮层中的神经活动，可能与现实毫无关系。认识到思想和实际事件之间的差异对于管理大脑皮层的焦虑至关重要。

练习：评估认知融合倾向

如果你倾向于相信你的想法和感受，这很可能会妨碍你重新连接大脑皮层以帮助你抵抗焦虑的能力。大脑皮层有很大的灵活性，但你必须学会利用它。

为了评估你的认知融合倾向，花点时间通读下面的陈述，并检查任何适用于你的陈述：

_____如果我不担心，恐怕情况会变得更糟。

_____脑海中闪出的一个念头我都会认真对待。

_____焦虑通常是即将出问题的明显迹象。

_____担心某些事情有时可以防止坏事发生。

_____当我感觉不舒服的时候，我需要集中精力去评估它。

_____我害怕我的一些想法。

_____当有人建议用不同的方式看待事物时，我很难做到。

_____我的任何疑问都是有理由的。

_____我认为自己的消极想法可能是真的。

_____当我预期做得不好时，通常意味着我会做得很差。

如果你符合这些陈述中的许多，你可能是过度融合了你的思想和感觉。当你相信一个想法会变成现实，那你会很难放弃这个想法，这会阻止你重新连接大脑皮层。

留意认知融合

认知融合是相当普遍的。我们都倾向于假设我们所认为的是现实，并不加质疑。但有时人们需要质疑自己的观点，尤其是在令人痛苦的情况下。知道我们的假设是错误的是一个重要的认识。认知融合会产生大量不必要的焦虑。

认知融合使人们仅仅因自己的想法就做出反应，就像事件真实发生了。想想阿里亚纳，她有一天下午联系不上她的男朋友，然后开始担心起来。她一会想象着他出了车祸，一会想象着他要和自己分手。这让她变得非常不安。后来，阿里亚纳发现男友把手机忘在家里，没有收到她的短信。这让她松了一口气。在这个故事中，阿里亚纳把自己的想象当成了现实，并由此而焦虑不安。这就是认知融合的典型表现。

由诱发焦虑的思维所导致的认知融合会进一步增加焦虑产生的风险，因此，消除认知融合对具有悲观或忧虑倾向的人非常有益。例如，如果你是一个悲观主义者，提醒自己想法并不能决定发生什么，对降低焦虑感是很有帮助的。我们建议你检查自己的焦虑体验，看看是否存在认知融合。

大脑皮层是一个繁忙地方，常常充满了没有现实基础的想法和感觉。问题不在于想法和感觉本身，而在于一种认真对待它们的倾向。心理学家史蒂文·海斯（2004）提出，"把这些经历从字面上理解，然后与之抗争的倾向是……最有害的"，并提出了认知解离的方法。认知解离涉及对你的思想采取不同的立场：意识到它们而不被它们缠住。

认知解离是一种非常强大的认知重构技术，它让你有能力区别思维和现实的不同，把自己所想象的仅仅当作一种个人体验。例如，你意识到自己有了一个想法，然后告诉自己这只是一个想法而已。如果这个想法是你拿不到毕业证书，那么你可以想："嗯……有趣。我又一次意识到我永远也拿不到毕业证书了。"

成功地运用认知解离技术，你需要培养一种不会迷失在大脑皮层思维中的自我意识。你可以把自己当作大脑皮层的观察者，而不是它的信徒。为了让自己远离一个想法，你可以告诉自己这样的话："我需要当心这个讨厌的想法。我没有理由相信它，它很可能会激活我的杏仁核。"

我们在本章后面讨论的正念也是非常有帮助的，它可以帮助你培养意志力和技巧，让你把思想集中在你所选择的东西上，以防止你迷失在自己的思维之中。

控制引发焦虑的想法

在这一点上，你可能想回顾一下你在第10章中完成的评估，找出最常见的引发焦虑的想法，并针对这些想法做出改变。如果你的大脑皮层正在产生这样的想法，不要放任它。你可以改变大脑皮层的想法，把注意力转移到其他想法上，这为改变大脑皮层的回路打下了基础。在本章余下的部分中，我们将向你介绍这种认知重构技术。

认知重构技术赋予你改变大脑皮层的能力。关键是要对引发焦虑的想法持怀疑态度，并用证据与其进行争论，对其视而不见，就好像它们不存在一样，或者用新的、更具适应性的思维来代替它们，也就是所谓的应对思维。特别注意那些你常有的引发焦虑的想法。记住，神经回路遵循的是"忙碌者生存"原则（Schwartz and Begley，2003），所以你对某些想法的思考越多，它们就越强大。如果你打断引起焦虑的想法，并不断地用新的认知来代替它们，你就可以真正地改变你大脑的回路。

应对的想法

应对的想法是对你的情绪状态产生积极影响的想法。评估它们有用性的一种方法是看它们对你的影响。如果它们能够让你安静下来，让你有能力应对困难的情境，那么它们就是有效的。这里有一些例子。

引发焦虑的想法	应对的想法
尝试没用，一切都不会如我所愿	我必须要试试，这样至少有成功的机会
我能感觉到，事情正在朝坏的方向发展	我不知道事情会如何发展，原来那种负面想法都是错的
我要集中精力在这种想法、焦虑或担忧上	你花太多精力在这些上面了，得往前看
我必须在自己所做事情上表现得能力出众	没有人是完美的，我只是偶尔会犯错的普通人
每个人都应该喜欢我	没有人能得到每个人的喜爱，因此我一定会遇到不喜欢我的人。
我忍受不了了	这并不是世界末日，一切都会过去的
我总是忍不住担忧	担忧解决不了任何问题，只会让我难过
我不想让其他人失望	我不可能取悦每个人，这只会让我过度劳累，让一切过去吧
我无法处理这一情形	我是有能力的，即使这一情形我不喜欢，但我一定能突破它

在使用这种策略时，一定要把注意力集中在那些对你来说最有问题的想法上。例如，如果你有完美主义倾向，那么在你的思维中注意"必须"和"应该"。当你告诉自己你"必须"完成某件事，或者某件事"应该"按照某个计划或时间表发生，你就是在给自己施加压力和增添困扰。"必须"和"应该"这两个词让人觉得如果你的表现不够完美或事件没有按计划展开，就好像违反了规则。你可以把"我应该"改为"我愿意"。这样，你就不会创建一个必须遵守的规则。相反，你只是在表达一个目标或一个愿望，一个可能实现也可能不会实现的愿望。这是一个更友

善、更温和的想法。

替代的想法

当人们努力改变想法时，他们常常抱怨无法摆脱消极的想法。研究表明，试图抹去或压制一个想法并不是一个有效的方法（Wegner et al.，1987）。例如，如果你被要求不要去想粉红色的大象，粉红色大象的形象就越会跳进你的脑海。你越是努力想停止对粉红色大象的思考，你就越想它们。如果你有偏执的倾向，你可能对这种模式很熟悉。不断提醒自己不要去想某件事情，结果往往适得其反。

你可以通过明确地告诉自己"停下来"来打断你的想法，这种技术被称为思维停止。然后你可以用另一个想法代替这个想法。这一步尤其重要，它会使你更有可能忘掉之前的想法。比如：你在花园里工作，一直担心会遇到蛇。你告诉自己"打住!"然后开始思考其他的事情：收音机里播放的歌曲的名称、要种的花的名字、给爱人买什么生日礼物，任何让人放松和愉悦的事情都可以。

因此，使用替代的想法是解决焦虑情绪的最佳方法之一。通过不断重复这种应对方式，你将强化一种更具适应性的思维方式。这需要一些练习，但新想法最终会成为习惯。

更换焦虑的频道

有些人使用大脑皮层的方式会导致焦虑。通常，他们善于想象各种可怕的事情或场景。事实上，具有高度创造力和想象力的人有时更容易焦虑。他们思考生活和想象事情的方式经常会吸引杏仁核的注意力并引发反应。

如果这是你的问题，把你的大脑皮层想象成有线电视。尽管有数百个频道可供选择，但你还是被困在焦虑频道上。不幸的是，它似乎是你的最爱。你可能会在没有意识到的情况下，专注于那些有可能引发焦虑的想法。或者也许你意识到了这一点，并对这些想法提出了异议，就像你会和与你意见不同的电视政治评论员争论一样。和你的想法争论也是一样的。可是这会让你花太多的时间，并把注意力过多地停留在这些想法上，从而强化了引发焦虑的大脑回路。

以瑞秋为例，她最近接受了一次求职面试。当时她觉得面试进行得相当顺利，但后来她开始重新考虑自己的一些陈述，并想知道这些陈述对面试她的人来说听起来如何。现在，随着时间的推移，瑞秋越来越担心自己能否得到这个职位。她变得气馁，开始担心自己得不到那份工作。她开始怀疑自己在面试中的反应，变得悲观起来。瑞秋肯定在看焦虑频道。

注意面试不是瑞秋真正的问题，她并不知道面试会有什么结果。她的问题在于想象不利的面试结果。如果瑞秋意识到这一点，而不是把注意力放在面试上，她可以考虑其他工作的可能性，并为新的面试做好准备，这会更有用。如果她认为未来的面试会因为这次面试学到的东西而变得更好，她的态度就会更加积极向上。当瑞秋开始考虑即将到来的面试策略时，她发现自己不再停留在焦虑频道上。

瑞秋换了频道，把注意力从过去转移到未来。有很多方法可以换频道。其中一种方法是分散注意力：把注意力转移到完全不同的东西上。通过专注于其他活动或想法来分散自己的注意力是更换频道的最简单有效的方法。玩可以很好地分散注意力。许多焦虑的人被一种极其严重的严肃感所困扰，很难放松下来，享受玩的乐趣。生活缺不了玩乐，玩得开心点才能找到解脱。玩游戏、开玩笑，甚至玩"谁是傻瓜"之类的游戏都行。应对生活的挑战，幽默是必不可少的。

用计划取代忧虑

研究表明，当人们持续思考一个负面事件时，他们对该事件的情绪反应会延长，负面情绪持续的时间比原本的时间更长（Verduyn，Van Mechelen，Tuerlinckx，2011）。

忧心忡忡、胡思乱想是没有帮助的。与其陷入忧虑，不如针对即将发生的事情进行计划，而不是想象各种可能的结果。一旦做好计划，就可以把注意力放到其他事情上。

安妮听说儿子乔伊的姑妈詹妮斯要参加他的生日聚会。安妮想起最近才和詹妮斯吵过架，担心两人见面又会发生争吵。她因此忧心忡忡，想象着詹妮斯可能提出的各种批评和自己可能的回应。她还担心詹妮斯会在派对上对其他人胡说八道，想着自己该如何应对这样的局面。幸运的是，安妮之前有过类似的经验，她知道自己的担忧会带来不必要的焦虑，而且她担心的事情也许根本不会发生。她告诉自己"到此为止！"她对自己说："我的计划是为派对做准备，如果需要，我和詹妮斯的事情稍后再来处理。"

聚会那天，姑妈詹妮斯的注意力似乎主要集中在小乔伊身上，她和安妮的谈话也止于她自己的孩子。

运用正念的力量

焦虑有能力劫持你的大脑皮层，支配你的意识，并控制你的生活。但是，如果你能找到一种方法不受影响地客观观察你的焦虑，会是一种什么样的体验呢？这时候就需要利用你的大脑皮层，而正念可以帮助你做到这一点。

正念是一种古老的方法，几千年来一直在各种传统中被实践，因此它有许多不同的描述和定义。精神病医生杰弗里·布兰特利（Jeffrey Brantley）认为正念是对你当下体验的友好接受和深度觉察。他解释了意识的简单技巧是如何战胜焦虑的。我们对焦虑的自然反应是试图逃避或控制焦虑，但是正念给了你另一条路，敞开心扉接受你的感受。在这种方法中，正如心理学家史蒂文·海斯（Steven Hayes，2004）所说，"正念观察到的'消极想法'不一定会有消极的功能"。这种方法可以训练你的大脑皮层充满爱地、耐心地观察你的焦虑反应，就像父母看着他们发脾气的孩子，不急不躁、关怀备至，直到孩子平静下来。

本质上，正念告诉我们，每个人真正拥有的只是每一个当下，因此，我们以宽容、接受和觉察的心来观察每一刻，过好每一刻。我们可以把练习正念融入到生活中，比如吃早餐时聆听院子里的声音，专注于散步或者深呼吸练习。你很快就会发现，当你用心去对待这些经历时，你会感觉到有多么不同。你也会意识到平时阻碍你体验真实生活的是什么。例如，一位女士报告说，当她开始正念练习时，她意识到自己已经多年没有真正享受过早餐了。当她养成了一种从吃早饭时就开始专心的习惯时，她发现每一天都过得专注而充实。

当你学会不带偏见地专注于观察自己的日常生活之后，你就可以把觉察转向你的焦虑。通过练习，放松了你的身体，训练你的大脑皮层采取一种不加评判的态度，一种对所发生的事情的开放态度，使你成为一个平和、超然的观察者，而不是一个正与焦虑及其生理症状作斗争的人。

练习：一种解决焦虑的方法

下次你感到焦虑时，找一个安静的地方练习正念。把你的注意力集中在你的身体体验上，忽略其他的意识。如果你体验到了焦虑，那么你就把注意力放在焦虑的体验上。焦虑感有多强烈？此时的感觉如何？它如何随着时间而变化？哪些身体部位受到了影响？你在发抖吗？你有想说话或者离开的冲动吗？注意这些冲动，不要对它们采取行动，只是觉察它们。如果你脑海中浮现出想法，不必分析它们，任其自然就行了。你需要做的就是觉察，不要任何的评判。接受你的焦虑，把它当作正常的生理过程，不要去反抗它，也不要激化它。

试着用一个月的时间练习正念来应对焦虑。只要抽出时间去关注你的焦虑，你就可以通过关注身体不同部分对焦虑的反应来进一步发展你运用正念的能力。例如，分别关注呼吸、心跳和思想是如何受焦虑影响的。注意当你采取这种方法时，你的焦虑感是如何变化的。

控制可能不是答案

我们已经知道，一旦杏仁核反应发生，大脑皮层直接控制它的方式是有限的。但是，如果你用正念来觉察杏仁核的反应而不被它缠住，你就没有必要控制它。当你用正念的方法应对焦虑时，大脑皮层就会放弃控制让焦虑发生，而这正是改变的必由之路。

你越试图与焦虑作斗争，你的焦虑感就越强烈，焦虑对你生活的影响就越大。接受焦虑，让其自然发生，并用正念的方式觉察它，你就不会用恐惧的反应来延续它。通过放弃控制焦虑的尝试，你实际上可以更好地控制你的大脑。

研究表明，练习正念和其他形式冥想的人的大脑发生了惊人的变化。除了能够减轻他们在当下的焦虑（Zeidan et al.，2013），他们的大脑皮层发生了持久的变化，使他们能够抵抗焦虑。那些有正念经验的人并没有改变杏仁核的反应；他们已经使大脑皮层脱离了杏仁核的反应（Froeliger et al.，2012）。通过正念，你训练大脑皮层以一种全新的方式对焦虑做出反应。神经影像学研究表明，正念可以激活与杏仁核有直接联系的腹内侧前额叶皮层和前扣带回皮层（Zeidan et al.，2013）。这些发现表明，正念方法可以帮助你重新连接大脑皮层中与缓解焦虑密切相关的部分。

正念训练的终极力量在于它能改变大脑皮层对焦虑的反应方式。让正念成为你日常生活的一部分，用它来改变你的焦虑。

总　结

在本章中，我们介绍了几种帮助大脑皮层以新的方式应对焦虑的方法。当你用这些方法重新连接你的大脑皮层时，你的生活会变得越来越顺心如意。最重要的是，你学会了减少和预防焦虑的方法，还学会了利用正念帮助大脑皮层接受焦虑。所有这些技巧都能帮助你过上一种不受焦虑困扰的生活。最后一章，我们将帮助你学会如何综合利用这些技巧。

第12章
不焦虑的生活

我们希望这本书能让你理解焦虑的大脑，了解焦虑的产生过程，了解杏仁核与大脑皮层回路对焦虑的作用。焦虑并非完全处于意识控制范围之内。你无法改变这样一个事实：焦虑是与生俱来的。但你可以学会应对焦虑。此外，大脑的神经可塑性，已经在许多研究中得到证实，它打开了一扇门，让你的大脑重新连接，从而改变焦虑体验。

尽管焦虑的某些方面超出了你的意识控制范围，但这并不意味着焦虑必须控制你的生活。没有人会过着完全没有焦虑的生活，但是我们都可以通过使用基于杏仁核和皮层的策略来减少焦虑对我们生活的影响。

从哪里开始

因为你在这本书中学到了很多策略，你可能想知道从哪里开始。最好的方法是集中精力让你的杏仁核平静下来。从放松开始。学习减缓呼吸和放松肌肉的技巧，以便关闭交感神经系统并激活副交感神经系统，如第6章所述。也可以使用积极的意象练习、睡眠和音乐来平静你的杏仁核，如第6章、第9章和第11章所述。每天反复练习放松策略，以降低你的整体焦虑水平，将各种各样的放松融入你的生活中，直到它成为放松的第二天性。所有这些方法都会导致你的杏仁核日常功能发生相当迅速的变化。

接下来，根据需要将注意力集中在基于皮层的策略上。复习第10章，提醒自己哪些类型的引发焦虑的想法对你来说是最有问题的，并使用第11章中描述的方法来克服这些想法。练习监控和调整你的想法，直到你能够在大多数情况下以更有效的、不焦虑的方式思考。

记住那些对你来说很重要的人生目标（见第1章引言），然后留意对哪些目标的追求受到了焦虑的妨碍。帮助你实现这些目标是本书的最终目标。要掌控你的生活，在焦虑或强迫阻碍你达到目标的情况下，找出焦虑的诱因，如第7章所述。然后根据第8章中的描述，通过暴露疗法降低焦虑的影响。

当你做暴露练习感到有压力时，提醒自己激活杏仁核，学习是杏仁核建立新连接的最佳方式。当你对触发因子感到不那么焦虑时，你便对生活有了更好的控制。重新连接你的大脑以减少焦虑的过程将是渐进的，你的大脑会适应你学习的经验和培养的思维模式，它将建立新的回路。虽然你会经历一些挫折，但当你使用这些策略时，你会逐渐看到你的生活能力有所提高。快速回顾一下以上我们推荐的顺序：

1. 放松、睡眠和运动可以减少交感神经系统的激活。

2. 监控你的思想是否有任何引发焦虑的想法。

3. 用应对的想法代替引发焦虑的想法。

4. 确定你的人生目标，以及影响这些目标的因素。

5. 找出影响你实现目标的恐惧和焦虑的诱因。

6. 设计暴露练习，可以改变你的杏仁核对这些触发因子的反应。

7. 练习暴露练习，直到你注意到你的焦虑和恐惧有所减轻。

坚定决心

虽然这本书中概述的方法可能看起来让人感到无从下手，但如果你把它分解成几个步骤，你会发现它相当容易上手。当你能够运用第6章中的策略来放松时，你会对控制自己的焦虑更加自信。当你通过第11章中的方法在你的思维中体验到有益的改变时，你会感到振奋。当你发现暴露疗法减轻了你的焦虑时，你会变得越来越有能力克服恐惧。

自始至终，重要的是要记住你的最终目标是重新连接你的大脑，所以在每一步中，试着记住你大脑里发生了什么。你使用的每一种策略都会向你的大脑传递一个重要的信息，通过不断的重复，你的大脑会发生积极的改变。你要坚定自己的信心，不要被暂时的困难吓倒。以下几点可能会对你坚定信心有所帮助。

尽管焦虑不安，还是行动吧

只有行动才能带来改变，改变你的焦虑体验和重新连接你的大脑。狭路相逢勇者胜，只要你鼓起勇气，一定能战胜恐惧。

通过本书的学习，你系统掌握了有关焦虑的知识，了解了焦虑的大脑过程，也知道改变是可能的，因此不要因别人的评价而气馁。行百里者半九十，凡事只有坚持到底才能取得成功，因此，在完成目标之前，不要轻言放弃。在整个行动过程中，每取得一点进步，你都要肯定自己，坚定自己的信心。如果你有社交焦虑，那么和朋友外出度过一个夜晚就是一件了不起的成就，你应该为此而自豪，尽管这个夜晚对你来说也许并不轻松。

每次一天或一分钟

我们鼓励你把一天一天的日子过好。在日常生活中，这意味着活在当下，而不是关注未来可能发生什么事情。把你的注意力集中在当下，你就可以节省精力来面对你当下的任务。另外，你不要停留在焦虑频道，重温过去的压力事件，想象可怕的未来情景。如果你一直专注于过去或未来，你很可能会错过当下最好的时刻。

在面对压力时，只专注于当下的一分钟是非常有帮助的。有时候，我们能做和需要做的就是度过当下的那一分钟，这是完全合理的。生命是一秒钟一秒钟、一分钟一分钟呈现给我们的。我们真正需要做的就是度过每一分钟，尤其是面对焦虑时。有时候，仅仅度过几分钟本身就是一种成就。一分钟一分钟的生活有时会让生活更容易处理。

关注积极的一面

你的生活是由无数不同的时刻组成的。如果你能学会把你的大脑集中在积极的经历上，并且去享受它们，你会感觉更快乐。当它们到来时，请享受那些充满喜悦和美丽的时刻，把它们留在心里。让自己的心愉悦，珍惜你爱的人，最终爱比恐惧更强大。

生活中总会有挫折，但它们往往只是你在能力测试时的信号。船只在港口是安全的，但它们注定要远航。如果你从来没有遇到过挫折，你可能没有把眼光放得很长远。在任何情况下，都没有必要纠结于挫折。如果你寻找美和快乐，你就能在生活中找到美和快乐。如果你有意识地体验每一件快乐的事情，你就能感受从这些特殊时刻中得到的快乐。思想对大脑有着很大的影响，当你的思想集中在你生活中积极、美好和愉快的方面，大脑就会感受到快乐。

别担心你的焦虑

任何人都可以有效地应对焦虑，不论他天生的焦虑倾向如何。希望在这本书中获得的所有知识将有助于你更有效地管理焦虑，并逐步重新连接你的大脑，以减少焦虑体验。我们希望这次改变的旅程能给你带来解脱、鼓励和喜悦。人生值得！

参考文献

Addis, M. E., C. Hatgis, E. Cardemile, K. Jacob, A. D. Krasnow, and A. Mansfield. 2006. "Effectiveness of Cognitive-Behavioral Treatment for Panic Disorder Versus Treatment as Usual in a Managed Care Setting: 2-Year Follow-Up." *Journal of Consulting and Clinical Psychology* 74:377-385.

Ahmed, M., H. A. Westra, and S. H. Stewart. 2008. "A Self-Help Handout for Benzodiazepine Discontinuation Using Cognitive Behavior Therapy." *Cognitive and Behavioral Practice* 15:317-324.

Amano, T., C. T. Unal, and D. Paré. 2010. "Synaptic Correlates of Fear Extinction in the Amygdala." *Nature Neuroscience* 13:489-495.

Anderson, E., and G. Shivakumar. 2013. "Effects of Exercise and Physical Activity on Anxiety." *Frontiers in Psychiatry* 4:1-4.

Armony, J. L., D. Servan-Schreiber, J. D. Cohen, and J. E. LeDoux. 1995. "An Anatomically Constrained Neural Network Model of Fear Conditioning." *Behavioral Neuroscience* 109:246-257.

Barad, M. G., and S. Saxena. 2005. "Neurobiology of Extinction: A Mechanism Underlying Behavior Therapy for Human Anxiety Disorders." *Primary Psychiatry* 12:45-51.

Bequet, F., D. Gomez-Merino, M. Berhelot, and C. Y. Guezennec. 2001. "Exercise-Induced Changes in Brain Glucose and Serotonin Revealed by Microdialysis in Rat Hippocampus: Effect of Glucose Supplementation." *Acta Physiologica Scandinavica* 173:223-230.

Bourne, E. J., A. Brownstein, and L. Garano. 2004. *Natural Relief for Anxiety: Complementary Strategies for Easing Fear, Panic, and Worry.* Oakland, CA: New Harbinger.

Brantley, J. 2007. *Calming Your Anxious Mind,* 2nd ed. Oakland, CA: New Harbinger.

Broman-Fulks, J. J., and K. M. Storey. 2008. "Evaluation of a Brief Aerobic Exercise Intervention for High Anxiety Sensitivity." *Anxiety, Stress, and Coping* 21:117-128.

Broocks, A., T. Meyer, C. H. Gleiter, U. Hillmer-Vogel, A. George, U. Bartmann, and B. Bandelow. 2001. "Effect of Aerobic Exercise on Behavioral and Neuroendocrine Responses to Meta-chloro-phenylpiperazine and to Ipsapirone in Untrained Healthy Subjects." *Psychopharmacology* 155:234-241.

Busatto, G. F., D. R. Zamignani, C. A. Buchpiguel, G. E. Garrido, M. F. Glabus, E. T. Rocha, et al. 2000. "A Voxel-Based Investigation of

Regional Cerebral Blood Flow Abnormalities in Obsessive-Compulsive Disorder Using Single Photon Emission Computed Tomography (SPECT)." *Psychiatry Research: Neuroimaging* 99: 15-27.

Cahill, S. P., M. E. Franklin, and N. C. Feeny. 2006. "Pathological Anxiety: Where We Are and Where We Need to Go." In *Pathological Anxiety: Emotional Processing in Etiology and Treatment*, edited by B. O. Rothbaum. New York: Guilford.

Cain, C. K., A. M. Blouin, and M. Barad. 2003. "Temporally Massed CS Presentations Generate More Fear Extinction Than Spaced Presentations." *Journal of Experimental Psychology: Animal Behavior Processes* 29:323-333.

Cannon, W. B. 1929. *Bodily Changes in Pain, Hunger, Fear, and Rage.* New York: Appleton.

Claparede, E. 1951. "Recognition and 'Me-ness.' " In *Organization and Pathology of Thought,* edited by D. Rapaport. New York: Columbia University Press.

Compton, R. J., J. Carp, L. Chaddock, S. L. Fineman, L. C. Quandt, and J. B. Ratliff. 2008. "Trouble Crossing the Bridge: Altered Interhemispheric Communication of Emotional Images in Anxiety." *Emotion* 8:684-692.

Conn, V. S. 2010. "Depressive Symptom Outcomes of Physical Activity Interventions: Meta-analysis Findings." *Annals of Behavioral Medicine* 39:128-138.

Cotman, C. W., and N. C. Berchtold. 2002. "Exercise: A Behavioral Intervention to Enhance Brain Health and Plasticity." *Trends in Neurosciences* 25:295-301.

Crocker, P. R., and C. Grozelle. 1991. "Reducing Induced State Anxiety: Effects of Acute Aerobic Exercise and Autogenic Relaxation." *Journal of Sports Medicine and Physical Fitness* 31:277-282.

Croston, G. 2012. *The Real Story of Risk: Adventures in a Hazardous World.* Amherst, NY: Prometheus Books.

Davidson, R. J. 2004. "What Does the Prefrontal Cortex 'Do' in Affect: Perspectives on Frontal EEG Asymmetry Research." *Biological Psychology* 67:219-233.

Davidson, R. J., and S. Begley. 2012. *The Emotional Life of Your Brain: How Its Unique Patterns Affect the Way You Think, Feel, and Live— and How You Can Change Them.* New York: Hudson Street Press.

DeBoer L., M. Powers, A. Utschig, M. Otto, and J. Smits. 2012. "Exploring Exercise as an Avenue for the Treatment of Anxiety Disorders." *Expert Review of Neurotherapeutics* 12:1011-1022.

Delgado, M. R., K. I. Nearing, J. E. LeDoux, and E. A. Phelps. 2008. "Neural Circuitry Underlying the Regulation of Conditioned Fear and Its Relation to Extinction." *Neuron* 59:829-838.

Dement, W. C. 1992. *The Sleepwatchers*. Stanford, CA: Stanford Alumni Association.

Desbordes, L. T., T. W. W. Negi, B. A. Pace, C. L. Wallace, C. L. Raison, and E. L. Schwartz. 2012. "Effects of Mindful-Attention and Compassion Meditation Training on Amygdala Response to Emotional Stimuli in an Ordinary, Non-meditative State." *Frontiers in Human Neuroscience* 6, article 292.

Dias, B., S. Banerjee, J. Goodman, and K. Ressler. 2013. "Towards New Approaches to Disorders of Fear and Anxiety." *Current Opinion on Neurobiology* 23:346-352.

Doidge, N. 2007. *The Brain That Changes Itself: Stories of Personal Triumph from the Frontiers of Brain Science*. New York: Penguin.

Drew, M. R., and R. Hen. 2007. "Adult Hippocampal Neurogenesis as Target for the Treatment of Depression." *CNS and Neurological Disorders—Drug Targets* 6:205-218.

Dunn, A. L., T. G. Reigle, S. D. Youngstedt, R. B. Armstrong, and R. K. Dishman. 1996. "Brain Norepinephrine and Metabolites After Treadmill Training and Wheel Running in Rats." *Medicine and Science in Sports and Exercise* 28:204-209.

Dwyer, K. K., and M. M. Davidson. 2012. "Is Public Speaking Really More Feared Than Death?" *Communication Research Reports* 29: 99-107.

Engels, A. S., W. Heller, A. Mohanty, J. D. Herrington, M. T. Banich, A. G. Webb, and G. A. Miller. 2007. "Specificity of Regional Brain Activity in Anxiety Types During Emotion Processing." *Psychophysiology* 44:352-363.

Fagard, R. H. 2006. "Exercise Is Good for Your Blood Pressure: Effects of Endurance Training and Resistance Training." *Clinical and Experimental Pharmacology and Physiology* 33:853-856.

Feinstein, J. S., R. Adolphs, A. Damasio, and D. Tranel. 2011. "The Human Amygdala and the Induction and Experience of Fear." *Current Biology* 21:34-38.

Foa, E. B., J. D. Huppert, and S. P. Cahill. 2006. "Emotional Processing Theory: An Update." In *Pathological Anxiety: Emotional Processing in Etiology and Treatment,* edited by B. O. Rothbaum. New York: Guilford.

Froeliger, B. E., E. L. Garland, L. A. Modlin, and F. J. McClernon. 2012. "Neurocognitive Correlates of the Effects of Yoga Meditation Practice on Emotion and Cognition: A Pilot Study." *Frontiers in Integrative Neuroscience* 6:1-11.

Goldin, P. R., and J. J. Gross. 2010. "Effects of Mindfulness-Based Stress Reduction (MBSR) on Emotion Regulation in Social Anxiety Disorder." *Emotion* 10:83-91.

Greenwood, B. N., P. V. Strong, A. B. Loughridge, H. E. Day, P. J. Clark,

A. Mika, et al. 2012. "5-HT2C Receptors in the Basolateral Amygdala and Dorsal Striatum Are a Novel Target for the Anxiolytic and Antidepressant Effects of Exercise." *PLoS One* 7:e46118.

Grupe, D. W., and J. B. Nitschke. 2013. "Uncertainty and Anticipation in Anxiety: An Integrated Neurobiological and Psychological Perspective." *Nature Reviews Neuroscience* 14:488-501.

Hale, B. S., and J. S. Raglin. 2002. "State Anxiety Responses to Acute Resistance Training and Step Aerobic Exercise Across Eight Weeks of Training." *Journal of Sports Medicine and Physical Fitness* 42: 108-112.

Hayes, S. C. 2004. "Acceptance and Commitment Therapy and the New Behavior Therapies." In *Mindfulness and Acceptance: Expanding the Cognitive-Behavioral Tradition,* edited by S. C. Hayes, V. M. Follette, and M. M. Linehan. New York: Guilford.

Hebb, D. O. 1949. *The Organization of Behavior.* New York: Wiley.

Hecht, D. 2013. "The Neural Basis of Optimism and Pessimism." *Experimental Neurobiology* 22:173-199.

Heisler, L. K., L. Zhou, P. Bajwa, J. Hsu, and L. H. Tecott. 2007. "Serotonin 5-HT2c Receptors Regulate Anxiety-Like Behavior." *Genes, Brain, and Behavior* 6:491-496.

Hoffmann, P. 1997. "The Endorphin Hypothesis." In *Physical Activity and Mental Health,* edited by W. P. Morgan. Washington, DC:

Taylor and Francis.

Jacobson, E. 1938. *Progressive Relaxation*. Chicago: University of Chicago Press.

Jeffries, K. J., J. B. Fritz, and A. R. Braun. 2003. "Words in Melody: An H215O PET Study of Brain Activation During Singing and Speaking." *NeuroReport* 14:749-754.

Jerath, R., V. A. Barnes, D. Dillard-Wright, S. Jerath, and B. Hamilton. 2012. "Dynamic Change of Awareness During Meditation Techniques: Neural and Physiological Correlates." *Frontiers in Human Science* 6:1-4.

Johnsgard, K. W. 2004. *Conquering Depression and Anxiety Through Exercise*. Amherst, NY: Prometheus Books.

Kalyani, B. G., G. Venkatasubramanian, R. Arasappa, N. P. Rao, S. V. Kalmady, R. V. Behere, H. Rao, M. K. Vasudev, and B. N. Gangadhar. 2011. "Neurohemodynamic Correlates of 'Om' Chanting: A Pilot Functional Magnetic Resonance Imaging Study." *International Journal of Yoga* 4:3-6.

Keller, J., J. B. Nitschke, T. Bhargava, P. J. Deldin, J. A. Gergen, G. A. Miller, and W. Heller. 2000. "Neuropsychological Differentiation of Depression and Anxiety." *Journal of Abnormal Psychology* 109: 3-10.

Kessler, R. C., W. T. Chiu, O. Demler, and E. E. Walters. 2005. "Prevalence, Severity, and Comorbidity of 12-Month DSM-IV Disorders in the National Comorbidity Survey Replication (NCS-R)." *Archives of General Psychiatry* 62:617-627.

Kim, M. J., D. G. Gee, R. A. Loucks, F. C. Davis, and P. J. Whalen. 2011. "Anxiety Dissociates Dorsal and Ventral Medial Prefrontal Cortex Functional Connectivity with the Amygdala at Rest." *Cerebral Cortex* 21:1667-1673.

Kuhn, S., C. Kaufmann, D. Simon, T. Endrass, J. Gallinat, and N. Kathmann. 2013. "Reduced Thickness of Anterior Cingulate Cortex in Obsessive-Compulsive Disorder." *Cortex* 49:2178-2185.

LeDoux, J. E. 1996. *The Emotional Brain: The Mysterious Underpinnings of Emotional Life.* New York. Simon and Schuster.

LeDoux, J. E. 2000. "Emotion Circuits in the Brain." *Annual Review of Neuroscience* 23:155-184.

LeDoux, J. E. 2002. *Synaptic Self: How Our Brains Become Who We Are.* New York: Viking.

LeDoux, J. E., and J. M. Gorman. 2001. "A Call to Action: Overcoming Anxiety Through Active Coping." *American Journal of Psychiatry* 158:1953-1955.

LeDoux, J. E., and D. Şchiller. 2009. "The Human Amygdala: Insights from Other Animals." In *The Human Amygdala,* edited by P. J. Whalen and E. A. Phelps. New York: Guilford.

Leknes, S., M. Lee, C. Berna, J. Andersson, and I. Tracey. 2011. "Relief as a Reward: Hedonic and Neural Responses to Safety from Pain." *PLoS One* 6:e17870.

Linden, D. E. 2006. "How Psychotherapy Changes the Brain: The Contribution of Functional Neuroimaging." *Molecular Psychiatry* 11:528-538.

Lubbock, J. 2004. *The Use of Life*. New York: Adamant Media Corporation.

Maron, M., J. M. Hettema, and J. Shlik. 2010. "Advances in Molecular Genetics of Panic Disorder." *Molecular Psychiatry* 15:681-701.

McRae, K., J. J. Gross, J. Weber, E. R. Robertson, P. Sokol-Hessner, R. D. Ray, J. D. Gabrieli, and K. N. Ochsner. 2012. "The Development of Emotion Regulation: An fMRI Study of Cognitive Reappraisal in Children, Adolescents, and Young Adults." *Social Cognitive and Affective Neuroscience* 7:11-22.

Menzies, L., S. R. Chamberlain, A. R. Laird, S. M. Thelen, B. J. Sahakian, and E. T. Bullmore. 2008. "Integrating Evidence from Neuroimaging and Neuropsychological Studies of Obsessive-Compulsive Disorder: The Orbitofronto-Striatal Model Revisited." *Neuroscience and Biobehavioral Reviews* 32:525-549.

Milham, M. P., A. C. Nugent, W. C. Drevets, D. P. Dickstein, E. Leibenluft, M. Ernst, D. Charney, and D. S. Pine. 2005. "Selective Reduction in Amygdala Volume in Pediatric Anxiety Disorders: A Voxel-Based Morphometry Investigation." *Biological Psychiatry* 57:961-966.

Molendijk, M. L., B. A. Bus, P. Spinhoven, B. W. Penninx, G. Kenis, J. Prickaertz, R. C. Voshaar, and B. M. Elzinga. 2011. "Serum Levels of Brain-Derived Neurotrophic Factor in Major Depressive Disorder: State-Trait Issues, Clinical Features, and Pharmacological Treatment." *Molecular Psychiatry* 6:1088-1095.

Nitschke, J. B., W. Heller, and G. A. Miller. 2000. "Anxiety, Stress, and Cortical Brain Function." In *The Neuropsychology of Emotion*, edited by J. C. Borod. New York: Oxford University Press.

Nolen-Hoeksema, S. 2000. "The Role of Rumination in Depressive Disorders and Mixed Anxiety/Depressive Symptoms." *Journal of Abnormal Psychology* 109:504-511.

Ochsner, K. N., R. R. Ray, B. Hughes, K. McRae, J. C. Cooper, J. Weber, J. D. E. Gabrieli, and J. J. Gross. 2009. "Bottom-Up and Top-Down Processes in Emotion Generation." *Association for Psychological Science* 20:1322-1331.

Ohman, A. 2007. "Face the Beast and Fear the Face: Animal and Social Fears as Prototypes for Evolutionary Analyses of Emotion." *Psychophysiology* 23:125-145.

Ohman, A., and S. Mineka. 2001. "Fears, Phobias, and Preparedness:

Toward an Evolved Module of Fear and Fear Learning." *Psychological Review* 108:483-522.

Olsson, A., K. I. Nearing, and E. A. Phelps. 2007. "Learning Fears by Observing Others: The Neural Systems of Social Fear Transmission." *Social Cognitive and Affective Neuroscience* 2:3-11.

Papousek, I., G. Schulter, and B. Lang. 2009. "Effects of Emotionally Contagious Films on Changes in Hemisphere Specific Cognitive Performance." *Emotion* 9:510-519.

Pascual-Leone, A., A. Amedi, F. Fregni, and L. B. Merabet. 2005. "The Plastic Human Brain Cortex." *Annual Review of Neuroscience* 28:377-401.

Pascual-Leone, A., and R. Hamilton. 2001. "The Metamodal Organization of the Brain." *Progress in Brain Research* 134:427-445.

Peters, M. L., I. K. Flink, K. Boersma, and S. J. Linton. 2010. "Manipulating Optimism: Can Imagining a Best Possible Self Be Used to Increase Positive Future Expectancies?" *Journal of Positive Psychology* 5:204-211.

Petruzzello, S. J., and D. M. Landers. 1994. "State Anxiety Reduction and Exercise: Does Hemispheric Activation Reflect Such Changes?" *Medicine and Science in Sports and Exercise* 26:1028-1035.

Petruzzello, S. J., D. M. Landers, B. D. Hatfield, K. A. Kubitz, and W. Salazar. 1991. "A Meta-analysis on the Anxiety-Reducing Effects

of Acute and Chronic Exercise: Outcomes and Mechanisms."
Sports Medicine 11:143-182.

Phelps, E. A. 2009. "The Human Amygdala and the Control of
Fear." In *The Human Amygdala,* edited by P. J. Whalen and E. A.
Phelps. New York: Guilford.

Phelps, E. A., M. R. Delgado, K. I. Nearing, and J. E. LeDoux. 2004.
"Extinction Learning in Humans: Role of the Amygdala and
vmPFC." *Neuron* 43:897-905.

Ping, L., L. Su-Fang, H. Hai-Ying, D. Zhange-Ye, L. Jia, G. Zhi-Hua, X.
Hong-Fang, Z. Yu-Feng, and L. Zhan-Jiang. 2013. "Abnormal
Spontaneous Neural Activity in Obsessive-Compulsive Disorder:
A Resting-State Functional Magnetic Resonance Imaging Study."
PLoS One 8:1-9.

Pulcu, E., K. Lythe, R. Elliott, S. Green, J. Moll, J. F. Deakin, and R.
Zahn. 2014. "Increased Amygdala Response to Shame in Remit-
ted Major Depressive Disorder." *PLoS One* 9(1):e86900.

Quirk, G. J., J. C. Repa, and J. E. LeDoux. 1995. "Fear Conditioning
Enhances Short-Latency Auditory Responses of Lateral Amygdala
Neurons: Parallel Recordings in the Freely Behaving Rat." *Neu-
ron* 15:1029-1039.

Rimmele, U., B. C. Zellweger, B. Marti, R. Seiler, C. Mohiyeddini, U.
Ehlert, and M. Heinrichs. 2007. "Trained Men Show Lower Cor-

tisol, Heart Rate, and Psychological Responses to Psychosocial Stress Compared with Untrained Men." *Psychoneuroendocrinology* 32:627-635.

Sapolsky, R. M. 1998. *Why Zebras Don't Get Ulcers: An Updated Guide to Stress, Stress-Related Diseases, and Coping.* New York: W. H. Freeman.

Schmolesky, M. T., D. L. Webb, and R. A. Hansen. 2013. "The Effects of Aerobic Exercise Intensity and Duration on Levels of Brain-Derived Neurotrophic Factor in Healthy Men." *Journal of Sports Science and Medicine* 12: 502-511.

Schwartz, J. M., and S. Begley. 2003. *The Mind and the Brain: Neuroplasticity and the Power of Mental Force.* New York: Harper Collins.

Sharot, T. 2011. "The Optimism Bias." *Current Biology* 21:R941-R945.

Sharot, T., M. Guitart-Masip, C. W. Korn, R. Chowdhury, and R. J. Dolan. 2012. "How Dopamine Enhances an Optimism Bias in Humans." *Current Biology* 22:1477-1481.

Shiotani H., Y. Umegaki, M. Tanaka, M. Kimura, and H. Ando. 2009. "Effects of Aerobic Exercise on the Circadian Rhythm of Heart Rate and Blood Pressure." *Chronobiology International* 26:1636-1646.

Silton R. L., W. Heller, A. S. Engels, D. N. Towers, J. M. Spielberg, J. C. Edgar, et al. 2011. "Depression and Anxious Apprehension Distinguish Frontocingulate Cortical Activity During Top- Down Attentional Control." *Journal of Abnormal Psychology* 120:272-285.

Taub, E., G. Uswatte, D. K. King, D. Morris, J. E. Crago, and A. Chatterjee. 2006. "A Placebo-Controlled Trial of Constraint- Induced Movement Therapy for Upper Extremity After Stroke." *Stroke* 37: 1045-1049.

Van der Helm, E., J. Yao, S. Dutt, V. Rao, J. M. Salentin, and M. P. Walker. 2011. "REM Sleep Depotentiates Amygdala Activity to Previous Emotional Experiences." *Current Biology* 21:2029-2032.

Verduyn, P., I. Van Mechelen, and F. Tuerlinckx. 2011. "The Relation Between Event Processing and the Duration of Emotional Experience." *Emotion* 11:20-28.

Walsh, R., and L. Shapiro. 2006. "The Meeting of Meditative Disciplines and Western Psychology: A Mutually Enriching Dialogue." *American Psychologist* 61:227-239.

Warm, J. S., G. Matthews, and R. Parasuraman. 2009. "Cerebral Hemodynamics and Vigilance Performance." *Military Psychology* 21:75-100.

Wegner, D., D. Schneider, S. Carter, and T. White. 1987. "Paradoxical Effects of Thought Suppression." *Journal of Personality and Social Psychology* 53:5-13.

Wilkinson, P. O., and I. M. Goodyer. 2008. "The Effects of Cognitive-

Behaviour Therapy on Mood-Related Ruminative Response Style in Depressed Adolescents." *Child and Adolescent Psychiatry and Mental Health* 2:3-13.

Wilson, R. 2009. *Don't Panic: Taking Control of Anxiety Attacks,* 3rd ed. New York: Harper Perennial.

Wolitzky-Taylor, K. B., J. D. Horowitz, M. B. Powers, and M. J. Telch. 2008. "Psychological Approaches in the Treatment of Specific Phobias: A Meta-analysis." *Clinical Psychology Review* 28:1021-1037.

Yoo, S., N. Gujar, P. Hu, F. A. Jolesz, and M. P. Walker. 2007. "The Human Emotional Brain Without Sleep: A Prefrontal Amygdala Disconnect." *Current Biology* 17:877-878.

Zeidan, F., K. T. Martucci, R. A. Kraft, J. G. McHaffie, and R. C. Coghill. 2013. "Neural Correlates of Mindfulness Meditation-Related Anxiety Relief." *Social Cognitive and Affective Neuroscience* 9:751-759.

Zurowski, B., A. Kordon, W. Weber-Fahr, U. Voderholzer, A. K. Kuelz, T. Freyer, K. Wahl, C. Buchel, and F. Hohagen. 2012. "Relevance of Orbitofrontal Neurochemistry for the Outcome of Cognitive-Behavioural Therapy in Patients with Obsessive- Compulsive Disorder." *European Archives of Psychiatry and Clinical Neuroscience* 262:617-624.

图书在版编目（CIP）数据

理解焦虑的大脑 /（美）凯瑟琳·M.皮特曼
(Catherine M. Pittman)，（美）伊丽莎白·M.卡勒
(Elizabeth M. Karle) 著；曾容译. -- 重庆：重庆大
学出版社，2022.9
（鹿鸣心理. 心理自助系列）
书名原文：Rewire Your Anxious Brain：How to
Use the Neuroscience of Fear to End Anxiety，Panic，
and Worry
ISBN 978-7-5689-3443-5

Ⅰ.①理… Ⅱ.①凯… ②伊… ③曾… Ⅲ.①焦虑—
心理调节 Ⅳ.①B842.6

中国版本图书馆CIP数据核字（2022）第146827号

理解焦虑的大脑
LIJIE JIAOLÜ DE DANAO

［美］凯瑟琳·M.皮特曼 ［美］伊丽莎白·M.卡勒 著
曾 容 译
鹿鸣心理策划人：王 斌
责任编辑：王 斌 版式设计：敬 京
责任校对：关德强 责任印制：赵 晟

*

重庆大学出版社出版发行
出版人：饶帮华
社址：重庆市沙坪坝区大学城西路21号
邮编：401331
电话：（023）88617190 88617185（中小学）
传真：（023）88617186 88617166
网址：http://www.cqup.com.cn
邮箱：fxk@cqup.com.cn（营销中心）
全国新华书店经销
重庆市正前方彩色印刷有限公司印刷

*

开本：720mm×1020mm 1/16 印张：14.25 字数：143千
2022年10月第1版 2022年10月第1次印刷
ISBN 978-7-5689-3443-5 定价：68.00元

REWIRE YOUR ANXIOUS BRAIN: HOW TO USE THE

NEUROSCIENCE OF FEAR TO END ANXIETY, PANIC, AND

WORRY

by

CATHERINE M. PITTMAN, PHD AND ELIZABETH M. KARLE,

MLIS